京阪 1700

JN064961

ー車両アルバム.41ー

　戦前に製造された1550型転換式クロスシート車以来の特急用として昭和26年に製造
されたのが、1700型である。広幅の貫通口で結んだ2両固定編成を組み、2扉で扉間
がクロスシートとなっていて、窓は座席の配列に合わせてある。このスタイルはのち
初代3000系まで受け継がれ、デビュー1年後に誕生した鳩マークはいまも特急のシン
ボルマークとなっている。

　その性能も当時京阪で最大の出力の主電動機を採用していたが、純粋な新製車とし
ては最後の吊り掛け駆動車である。また高速用台車の開発が盛んに行われた時期で、
積極的に新型台車を採用した。

　続いて誕生した1800型・1810型高性能車も同様のスタイルを継承したが、これら
に追われて1700型は早々にスターの座を降りてロングシート化がはじまり、昭和40
年代には3扉化され、一般車の一員となって、昭和58年の電車線電圧1500V昇圧に伴
い、姿を消した。

　本書は京阪特急のスタイルを築いた1700型の生涯の総まとめである。

1754-1704。天満橋　昭和26/1951年　髙田隆雄

京阪1700　目次

表　紙　1705　守口車庫　昭和29/1954年　所蔵：京阪電気鉄道
裏表紙　1755　四条～五条　昭和48/1973-9-23　大橋一央

1701。台車はMD-7。四條　昭和26/1951年　髙田隆雄

特急クロスシート車1700型誕生

1752。赤と黄色の塗り分けも鮮烈にデビュー。台車は1752はKS-3、1702はMD-7。守口車庫　昭和26/1951-3　髙田隆雄

1703。高橋　弘

1754-1704。台車は2両ともFS6。三條〜四條　昭和27/1952-4-10　高橋　弘

1754-1704。台車は2両ともKS-3。昭和26/1951年頃　守口車庫　所蔵：京阪電気鉄道

車内(1702・川崎車輌製)。座席のモケットは当時の国鉄一等車用のえんじ色のモケットを使用し、従来より幅を広くしたクロスシート。壁面はサクラベニアのライトカラーワニス仕上げ、天井は薄いピンクがかったクリーム色で、白熱灯は大型のグローブに収められ、荷棚下部に14個のブラケット灯が設けられている。吊り手はロングシート部のみ取付け。側窓は上段が単独で上昇できる。荷棚網は金属製でクロームメッキ。生地健三

車内(1755・帝国車輌製)。川崎車輌製とは荷棚受けが異なる。
所蔵：京阪電気鉄道

車内(1702・川崎車輌製)。妻の広幅貫通路には両開式の扉を設置。
生地健三

1701・1702編成の運転台には速度計(発電機式)・電力計・ワイパーを取り付け。

1700系の運転室は半室式。当初から放送設備を設けている(1754)。
守口車庫　昭和26/1951-5-9　奥野利夫

1753。車掌台の開いた窓から車内に
積み込まれたパイプ椅子が見える。
三條　昭和26/1951-7-9　中谷一志

1753-1703。天満橋〜野田橋　昭和27/1952-6-22　高橋　弘

1705-1755+1704-1754。台車は4両ともKS-3。守口車庫　昭和26/1951-5-9　奥野利夫

1754-1704+1755-1705。守口車庫　昭和26/1951-5-9　奥野利夫

1701。台車はMD-7。深草車庫　昭和26/1951-7-22　大橋一央

1752。台車はKS-3。守口車庫　昭和26/1951-3　髙田隆雄

1752。台車振替が頻繁に行われ、数ヶ月でFS6台車に変更。
深草車庫　昭和26/1951-7-22　大橋一央

1702-1752。台車は2両ともMD-7。1752は2年の間に3回台車を変更
している。京橋　昭和27/1952-2-17　中谷一志

1312+1751-1701。特急増発用に1300型片運車1312が昭和26年7月に特急増結車に指定され、塗装と座席・車内灯を1700型同様に変更した。また昭和27年4月に両運車1303・1304を片運化も実施して特急用増結車に追加した。野田橋〜天満橋　昭和27/1952-1-20　鹿島雅美

1300型特急増結車

1701-1751+1312(1300型については弊社刊「京阪電車形式集.2」に詳説)。天満橋〜野田橋　昭和27/1952-1-20　鹿島雅美

1701他3連特急。台車はMD-7。天満橋　昭和27/1952年頃　生地健三

1701。天満橋〜野田橋　昭和26/1951年頃　生地健三

1701-1751。五條～七條　台車は2両ともMD-7。高橋　弘

増結用の1300型片運車の入換光景。1300形を増結していた初期は、昼間の特急は2連で、天満橋で解放された1300形は6番線や京都方の引き上げ線に留置されていた。天満橋　高橋　弘

1303。3連で天満橋に到着した特急が京都方1両を切り離し、日中6番線で留置中の姿(なお上写真のように鉄橋寄り引上げ線に留置する方が多かった)。天満橋　昭和28/1953-5　沖中忠順

2次車として1706-1756・1707-1757の2編成が昭和27年3月に増備された。ワイパー位置を変更。1707-1757。台車は2両ともMD-7。
天満橋　昭和27/1952-5-11　井上文雄

2次車

1756。昭和27年5月1日のダイヤ改正から特急のスピードアップ(天満橋〜三條53分→48分)と一部4連運転が本格的に開始(4連運転は1700型の使用
を開始した同年3月30日から2編成で先行実施されていた)。1756-1706の台車はMD-7。四條　昭和27/1952-5-25　奥野利夫

1701-1751+1702-1752(1次車)。この当時は車体の塗装は褪色が激しく、かなり頻繁に行われている。1701・1702編成は昭和26年3月に新製、同年12月に腰部のみ塗装、翌昭和27年4月16日に塗装という記録がある(さらに同年12月にも塗装)。その出場日の撮影。
天満橋〜野田橋　昭和27/1952-4-16　高橋　弘

1707。四條　昭和27/1952-5-25　奥野利夫

四條付近　昭和26/1951年　髙田隆雄

特急のシンボルマークは昭和27年7月17日に一般公募で選定した鳩マークに変更した。1707。所蔵：京阪電気鉄道

1755。天満橋〜野田橋　昭和27/1952-12-5　羽村　宏(所蔵：沖中忠順)

戸袋部の保護棒が撤去された。1754-1704。四條　昭和27/1952年　高橋　弘

1754-1704+1303。台車はFS6。四條　昭和28/1953-5-24　奥野利夫

1700型と1300型の3列車が行き交う。1300型以降1700型までの標識灯位置は左右で異なるが、その位置関係が、1300型と1700型では逆となっているのが興味深い。1300型は京阪神急行時代の製造で、同時期に製造の京阪神急行京都線700型と同位置であるが、宝塚線550型は2灯とも幕板取り付けであった。野江〜京橋　昭和27/1952年　所蔵：京阪電気鉄道

1312+1700型の特急。高橋　弘

天満橋〜野田橋　所蔵：京阪電気鉄道

1312+1700型。奥野利夫

1759(7-59)。1708以前のグループとは屋根端部の雨樋の形状が異なる。連結器は正面・連結面とも新日鋼式NB-Ⅱ型密着自動連結器に変更。正面の車番はハイフン付の変則的なものであった。側面車番は切り抜き文字、社章も鋳物となり、戸袋部の保護棒が廃止となった。3次車の台車は4両ともKS-5。1709と1759は乗務員用開き戸下部の凹みが無くなった。守口車庫　所蔵：京阪電気鉄道

3次車

車内(1709・ナニワ工機製)。1700型唯一のナニワ工機製である。所蔵：京阪電気鉄道

1・2次車では屋根が電車線の断線などの場合を考慮して木製であったが(前頭の中央部分も木製)、3次車では屋根が木製から金属製となった。後の1800型とは異なり幌の取り付け座がついている。
所蔵：京阪電気鉄道

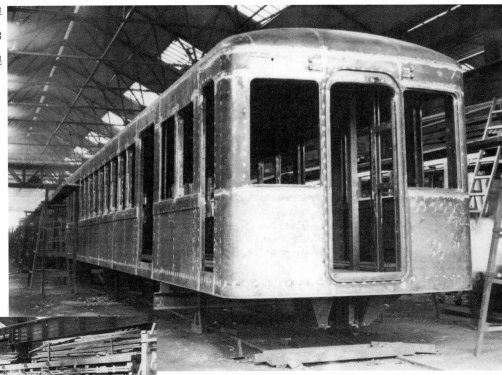

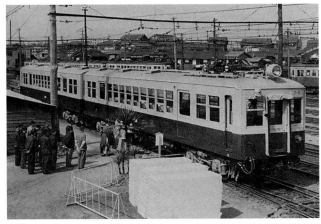

台枠。所蔵：京阪電気鉄道

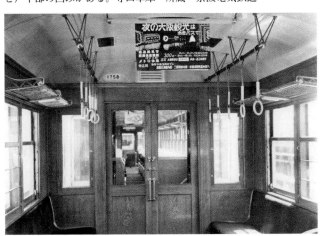

お祓いを受ける1708(7-8)。1708と1758は従来と同様に乗務員用開き戸下部の凹みがある。守口車庫　所蔵：京阪電気鉄道

3次車では先頭・連結側共に連結器が変更(1709)。生地健三

車内(1758・川崎車輌製)。守口車庫　昭和29/1954-8-4　奥野利夫

車内(1758・川崎車輌製)。守口車庫　昭和29/1954-8-4　奥野利夫

1709(7-9)他3次車の4連特急。この増備車では当初から鳩マークである。また腰部赤色は若干黄色味が強くなった。
淀〜八幡町　昭和28/1953-4-26　湯口　徹

1758(7-58)他3次車の4連特急。ジャンパ栓納め箱がない(1759には取付)。橋本〜八幡町　昭和28/1953-4-26　湯口　徹

1709(7-9)。上段窓はすべて上昇している。四條　昭和28/1953-8-4　高橋　弘

1709(7-9)-1759(7-59)+1801-1802。守口車庫　昭和29/1954-1-16　中谷一志

1758(7-58)。八幡町〜淀　昭和28/1953-4-26　山本定佑

1759(7-59)-1709(7-9)。香里園～寝屋川　昭和28/1953-6-21　高橋　弘

1759(7-59)-1709(7-9)。守口　昭和29/1954-1-6　中谷一志

3次車は1800型登場後に車番の標記・位置を従来同様に変更した。標識灯位置は未変更の姿。1758。
天満橋～野田橋　昭和28/1953-12-22　中谷一志

1700型。豊野～香里園(豊野駅は昭和38年に寝屋川市駅を京都寄へ移設して統合する形で廃止)。昭和28/1953-6-21　高橋　弘

1757。幌枠が特急色に塗り分けられるようになった。三條　昭和29/1954-2-28　中谷一志

自動洗車機で洗車中の1757。守口車庫　昭和29/1954-2　井上文雄

1752-1702+1300型。1800系試作車が登場した頃(昭和28年7月)、標識灯の位置を変更した。また1701～1707・1751～1751～1757の側引戸を取替。楠葉～牧野　昭和31/1956-11-22　山口益生

1758-1708+1300型。滝井～土居　奥野利夫

1705-1755+1703-1753。八幡町〜淀　昭和29/1954-4-11　奥野利夫

1700型2連+1304。八幡町〜淀　昭和29/1954-8-16　山口益生

1700型車内風景。昭和30/1958-2　沖中忠順

淀城跡を行く1700型。淀
昭和32/1957-10　高橋 弘

1758-1708+1759-1709。四條　昭和29/1954-8-8　奥野利夫

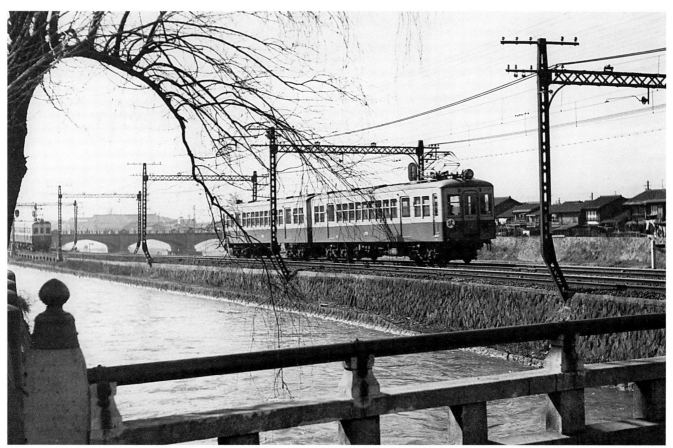

試運転中の1700型。乗り入れの奈良電車両と離合。七條〜五條　昭和31/1956-2-17　湯口　徹

1756-1706。四條　昭和29/1954-8-12　山口益生

1752-1702+1751-1701。淀～八幡町　昭和29/1954-4-11　奥野利夫

1755。台車FS6時代。京橋付近　井上文雄

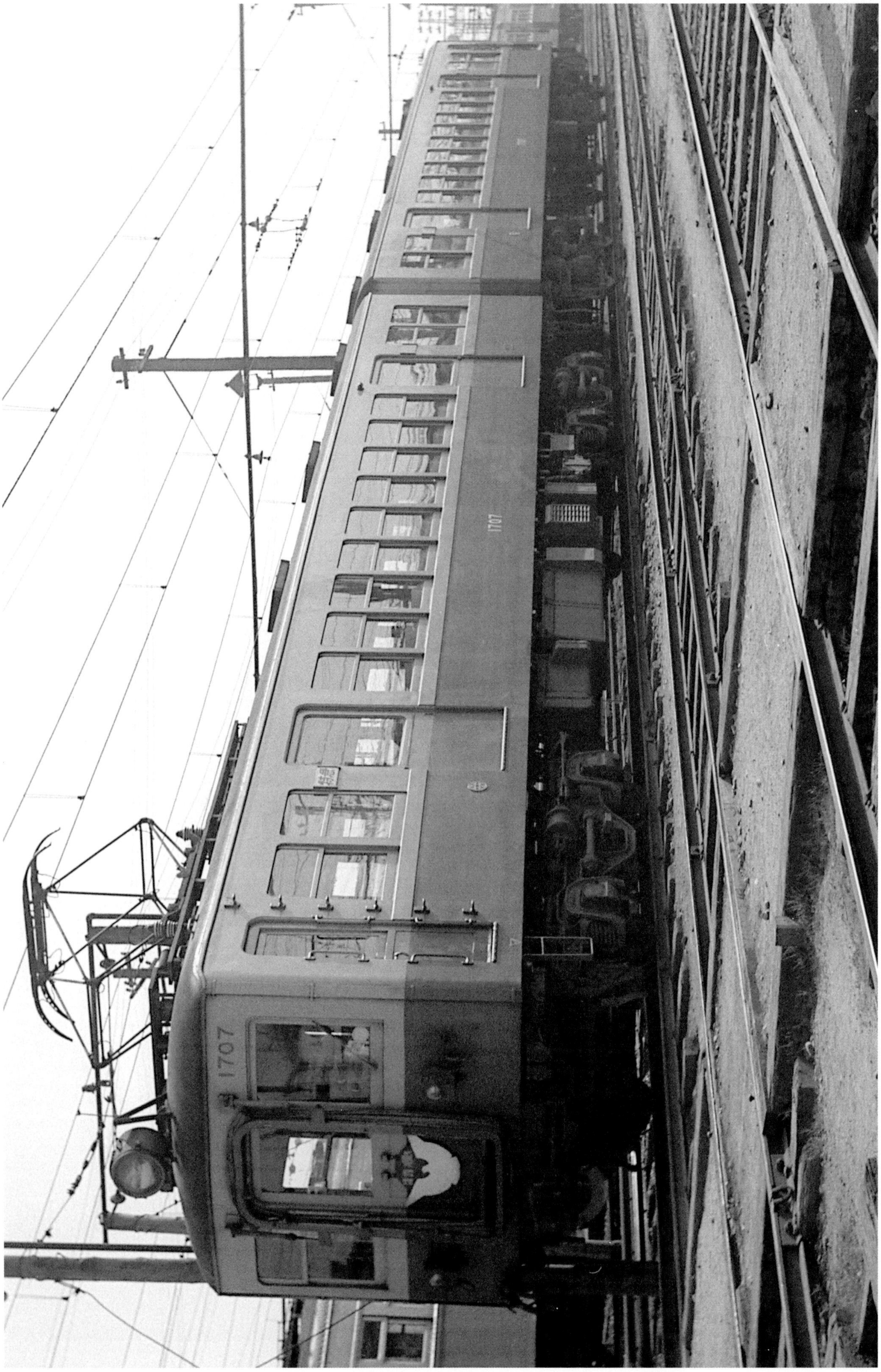

1707-1757。守口車庫　昭和32/1957-4-8　篠原　丞

1707-1757。守口車庫 昭和32/1957-4-8 篠原 丞

37

1300型特急最後の頃

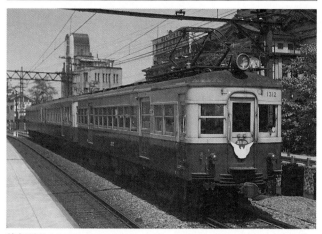

特急運用の1312+1751-1701。四条　昭和29/1954-4-15　山本定佑

普通運用の1752-1702+1300型。昭和30/1955-10　沖中忠順

1300型を加えた下り3連特急(1312+1755-1705)。淀城の堀跡といわれた池付近を通過する(現在淀車庫のあるところ)。淀～八幡町　昭和31/1956-1-1　高橋　弘

特急運用の1312+1700型3連。1810型登場に伴い、1300型は昭和31年4月に特急用指定を解除した。淀付近　昭和30/1955年　髙田隆雄

特急運用の1304+1753-1703。四条～五条　昭和29/1954-4-15　山本定佑

1754-1704。台車は2両ともFS6。守口車庫　昭和30/1955-9-22　湯口　徹

1754。枚方市　昭和31/1956-1-1　湯口　徹

1700型4連特急。淀付近　昭和31/1956-1-1　高橋　弘

1756。当時はまだ木造車も
活躍していた。丹波橋
昭和30/1955年　奥野利夫

1702-1752特急ループル号。
天満橋～野田橋(併用軌道を専
用軌道に切り替え後・昭和30
年1月1日に野田橋は片町へ改
称)。
昭和29/1954-1-28　羽村　宏
(所蔵：沖中忠順)

昭和31年3月21日ダイヤ改正から特急のスピードアップ(天満橋〜三條48分→42分)と一部5連運転が開始。それに先立ち実施された5連の試運転(1312+1700×4)。四條 羽村 宏(所蔵：沖中忠順)

5連の試運転(1312+1700×4)。四條 沖中忠順

宇治線を行く1706-1756宇治線直通の臨時急行「鵜飼」号。宇治の鵜飼鑑賞に天満橋〜宇治間を運転。昭和34年夏時点では6月13日〜8月30日の土日、往路は天満橋発17時41分発(ノンストップ)、復路は宇治発21時31分発(京橋のみ停車)。昭和33/1958-7-12 沖中忠順

臨時急行「鵜飼」号1756。1706編成は昭和33年2月にロングシート化されたが、特急色のままであった頃(昭和34年3月に濃淡グリーン化)。それより前の昭和32年に1・2次車の連結器を新日鋼式NB-Ⅱ型密着自動連結器に変更。宇治 昭和33/1958-7-12 沖中忠順

1708他5連特急(下り特急より)。滝井～土居　昭和31/1956-5-4　高橋　弘

1700・1800型連結で活躍

1806+1752-1702+1757-1707。滝井　昭和31/1956-4-13　奥野利夫

1704他1700型4連に1800型を増結した5連。七條〜五條　高橋　弘

1704ほか1700型+1800型の5連。枚方市〜御殿山　昭和32/1957年　奥野利夫

1702他。滝井～土居　昭和31/1956年　所蔵：京阪電気鉄道

1704-1754+1883-1806他5連。車番が切り抜き文字となった。京橋　昭和33/1958-1-12　中谷一志

昭和31年には1800型の車体を1m延長した1810型が登場した。1700型と1810型の4連。鳥羽街道～東福寺　昭和35/1960-10-4　沖中忠順

1810型登場

1816+1755-1705。
天満橋～片町
昭和31/1956-11-7　吉岡照雄

1700型と1810型の5連急行。
野江～京橋　昭和34/1959-6-2
沖中忠順

昭和31年6月18日〜23日、1759にKS-50試作空気バネ台車の試験が実施されている。日本の電車用台車で初めて空気バネを採用したもの。1759での試験終了後、昭和32年春から1810型1885のFS310台車に代わってKS-50が使用され、昭和49年7月にKS-58に履き替えるまで使用した。
丹波橋　昭和31/1956-6　奥野利夫

試作空気バネ台車KS-50の試験

昭和31年1701〜1705編成の車内灯を蛍光灯化(1705)。「座っていける京阪特急」のキャッチフレーズもあり、1700型登場当初からパイプ式補助椅子を出入り口クロスシートの背面に毎日積み降ろししていた。このためこの背面が痛むことから1800型では金属製ガードを設け、1700型にも同様に取り付けた。所蔵：京阪電気鉄道

1700型は昭和32年から2扉のまま一部がロングシート化された。1707〜1709×2は同年10・11月にロングシート化(同時に濃淡グリーン塗装化)、1706×2は昭和33年特急色のままロングシート化されて翌年濃淡グリーン塗装化。他編成は特急用で残ったが、昭和34年には特急の混雑緩和のため1703〜1705×2はロングシート化された(しばらく特急色を維持)。この時点では1701・1702×2はクロスシート・特急色で残っていた。ロングシート化されたが特急色を維持していた1753他4連急行。橋本〜八幡町　昭和35/1960-1-3　湯口　徹

急行格下げロングシート化の開始

1706。三條　昭和34/1959-4-17　沖中忠順

1704-1754の特急。七條～五條　昭和35/1960-11　沖中忠順

1758。淀～八幡町　昭和36/1961年1月15日　奥野利夫

1700型+1800型の5連特急。四條　昭和35/1960-8-23　沖中忠順

1753。関目付近　昭和36/1961-4-11　篠原　丞

1709-1759。昭和34/1959-2-1　奥野利夫

クロスシートで残っていた1751。特急の増結運用車で日中は解放されてパンタグラフを降ろして留置中。天満橋　所蔵：レイルロード

1758。従来併用軌道であった野田橋付近は、昭和29年11月30日から専用軌道化され、翌月には野田橋付近の曲線改良も終わり、昭和30年1月1日から野田橋駅は片町駅に改称されている。
片町　所蔵：レイルロード

1756。片町～天満橋
所蔵：レイルロード

1756。片町～天満橋　所蔵：レイルロード

1703。台車KS-3。昭和34年3月に急行格下げロングシート化(特急色維持)。野江　昭和34/1959-6-2　沖中忠順

1706。台車KS-3。昭和33年2月に急行格下げロングシート化、昭和34年3月濃淡グリーン化。野江　昭和34/1959-6-2　沖中忠順

1707。台車KS-3。昭和32年10月に急行格下げロングシート化・濃淡グリーン化。関目　昭和34/1959-5-26　沖中忠順

1708。台車FS6。昭和
32年11月に急行格下げ
ロングシート化・濃淡グ
リーン化。
関目　昭和34/1959-5-26
沖中忠順

1708。台車FS6。中書島
昭和36/1961-7-31
阿部一紀

1709。台車FS6。昭和
32年10月に急行格下げ
ロングシート化・濃淡グ
リーン化。この当時、天
満橋〜三條を直通する普
通列車はA線を走り京橋
〜守口は無停車であった
が、2000系が本格的に
投入され、昭和35年3月
28日のダイヤ改正からは
普通列車A線の走行はB
線走行となり、代わって
区間急行が天満橋〜枚方
市に運転されるようにな
る。
野江　昭和34/1959-6-2
沖中忠順

1701・1702×2はクロスシート・特急色で残っていたが、平日は特急列車以外での運用が多かった。1751。台車MD-7。
千林　昭和36/1961-2-20　奥野利夫

1753。台車MD-7。昭和34年3月に急行格下げロングシート化(特急色維持)。関目　昭和35/1960-12　沖中忠順

1754。台車KS-5。昭和34年4月に急行格下げロングシート化(特急色維持)。この車両の鳩マークの裏側は赤一色。
中書島　昭和35/1960-12-29　中谷一志

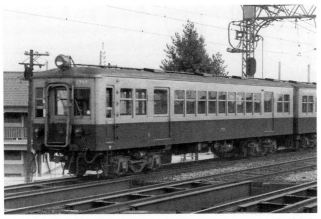

1755。台車KS-5。昭和34年4月に急行格下げロングシート化(特急色維持)。関目　昭和34/1959-6-23　沖中忠順

1756。台車MD-7。昭和33年2月に急行格下げロングシート化、昭和34年3月濃淡グリーン化。中書島　昭和34/1959-11-16　大橋一央

1757。台車MD-7。昭和32年10月に急行格下げロングシート化・濃淡グリーン化。三条　昭和34/1959-4-17　沖中忠順

1758。台車FS6。昭和32年11月に急行格下げロングシート化・濃淡グリーン化。丹波橋　昭和34/1959-1-2　沖中忠順

枚方市～天満橋のA急行は昭和33年11月17日から6連運転を開始した。1754他6連。関目　昭和35/1960-12　沖中忠順

1705。昭和34年4月に急行格下げロングシート化(特急色維持)。丹波橋　昭和35/1960-8-23　沖中忠順

1756。この頃から淀屋橋への地下線延長対策として窓に保護棒の設置が開始された。中書島　昭和36/1961-7-31　阿部一紀

1705。台車KS-5。守口車庫　昭和37/1962年　沖中忠順

1755-1705+1810型両運車の3連特急。七條　昭和38/1963-2-7　高橋　弘

特急増結車が三條で切り離されて回送中(1751-1701)。この車両の鳩マークの裏側は赤一色。五條〜七條　昭和37/1962-12-25　高橋　弘

1700型4連特急。国鉄城東貨物線を
アンダークロスする。京橋〜野江
昭和37/1962-6-10　中井良彦

1702他5連特急(後部は1810型)
野江　昭和36/1961-3　沖中忠順

1701・1702編成は昭和38年までクロスシート・特急色で残っていた。1752他5連特急まいこ号(湖水浴シーズンに近江舞子行き専用バスに連絡)。
四條　昭和37/1962年　奥野利夫

1754他6連。昭和38年に天満橋〜淀屋橋が
延長開業。地下線から地上に出るところ。
天満橋〜京橋　髙田　寛

淀屋橋延長開業当日の1754。地下線乗り入
れのために窓に保護棒を取り付けた。この
時期はロングシートで濃淡グリーン塗装。
淀屋橋　昭和38/1963-4-16　森井清利

1708他4連。七條〜五條　昭和37/1962年　奥野利夫

1702-1752は昭和38年2月格下げロングシート化と濃淡グリーン塗装化、次いで昭和38年4月に1701-1751が特急色のまま格下げロングシート化。この時点で1700型は全車ロングシート化され、うち1702・1706～1709編成が濃淡グリーン色となっていた。しかし特急列車の編成両数増大とともに再び1900系との併結が可能な改造が行われ(7連対策工事と呼ばれ、制御電圧100V化・制動弁の電空併用化などで1900系組成時に同系の発電制動が作動できる)、昭和38年6～7月に全車特急色化(鳩マークを常設)。さらに空気ブレーキに電磁弁取付。特急運用の1701-1751(ロングシート化後)。七条～五条　昭和40/1965年　奥野利夫

全車特急色へ復活

1751。昭和38年4月に急行格下げロングシート化(特急色維持)。守口車庫　昭和40/1965-12　吉岡照雄

1701-1751。特急色で宇治線運用(入庫留置中)。
中書島　昭和40/1965年頃　藤本哲男

1756他6連急行。昭和40/1965-11頃　奥野利夫

1702。昭和38年2月急行格下げロングシート化・濃淡グリーン塗装化されるが6月に特急色に戻る。昭和40/1965-12-27　阿部一紀

1755-1705。1703～1705編成は昭和34年3・4月の格下げロングシート化後も特急色を維持していた。萱島車庫　昭和39/1964-5-13　藤本哲男

1706。昭和33年2月格下げロングシート化、翌年3月濃淡グリーン塗装化されるが昭和38年6月、特急色に戻る。
昭和40/1965年頃　七条～五条　奥野利夫

ロングシートに続き、混雑緩和のため3扉化された。最初に試験的に3扉改造された1755(昭和40年11月完成)。1705-1755は川崎車輌に搬出して改造を実施。新設扉は両開き式でステンレス製。他は片引き戸のままステンレス製に交換。正面窓と貫通扉はまだ交換されていない。昭和40年11月以降の3扉化では改造が僅かに早かった1703〜1705・1707〜1709編成は一旦特急色のまま出場し、直後に濃淡グリーン塗装化。1701・1702・1706編成は3扉化と同時に一般車塗装。なお座席のモケットは最後まで特急車当時のままのエンジ色であった。1708-1758以降の3扉改造では新設扉付近のスペースを広くとるため、新設扉両側の座席は短くなった。関目　昭和41/1966年頃　奥野利夫

3扉化(特急色→一般車色)

上写真の3扉改造車と編成を組んで急行運用の1702。昭和38年2月の急行格下げ時に濃淡グリーン塗装となるが、同年6月に特急色に戻る。昭和40年9月に正面窓のアルミサッシ化(硝子強化)と貫通扉をHゴム支持のものに交換しているがまだ2扉のまま(1752も同様に改造されている)。このあと昭和41年12月に3扉化と濃淡グリーン塗装化を同時に実施。関目　昭和41/1966年頃　奥野利夫

1708。昭和40年8月に正面窓のアルミサッシ化(硝子強化)と貫通扉をHゴム支持窓のものに交換。翌年3扉化後ほどなく中間車化される。
香里園〜寝屋川市　北田正昭(所蔵：西野信一)

3扉車と2扉車の混成による急行。1753は昭和41年6月に3扉化・正面窓アルミサッシ化・貫通扉の交換を実施したが、ほどなく中間車化されるので、貴重な記録。寝屋川市〜香里園　昭和41/1966年　北田正昭(所蔵：西野信一)

1701。台車KS-3。昭和42年2月に3扉化(濃淡グリーン)。昭和44年5月側窓アルミサッシ化。野江　昭和57/1982-7-2　阿部一紀

1701。乗務員用開き戸は下部の凹みが無いものに交換されている。昭和52/1977-12-9　阿部一紀

1702。台車KS-3。昭和42年12月に3扉化(濃淡グリーン)。寝屋川車庫　昭和46/1971-3-14　阿部一紀

1702。側窓アルミサッシ化後。乗務員用開き戸は下部の凹みが無いものに交換されている。私市　昭和55/1980-1-27　今井啓輔

1703。台車KS-3。昭和42年6月に3扉化。昭和44年11月側窓アルミサッシ化。乗務員用開き戸は下部の凹みが無いものに交換されている。昭和55/1980-11-24　阿部一紀

1704。台車KS-5。昭和41年7月に3扉化、同年12月に濃淡グリーン化。乗務員用開き戸は下部の凹みが無いものに交換されている。野江　昭和57/1982-7-2　阿部一紀

1706。台車KS-3。昭和41年12月に3扉化(濃淡グリーン)。乗務員用開き戸は下部の凹みが無いものに交換されている。
中書島　昭和52/1977-12-9　阿部一紀

1705。台車KS-5。昭和40年11月に3扉化。昭和41年12月に濃淡グリーン化。乗務員用開き戸は下部の凹みが無いものに交換。
中書島　昭和52/1977-12-9　阿部一紀

1787。台車KS-3。昭和41年10月に3扉・中間車化。同年11月に濃淡グリーン化。野江　昭和57/1982-7-2　阿部一紀

1787。昭和44年9月側窓アルミサッシ化。
昭和52/1977-12-9　阿部一紀

1788。台車FS6。昭和41年8月に3扉・中間車化。同年12月に濃淡グリーン化。寝屋川車庫　昭和46/1971-3-14　阿部一紀

1788。昭和46年12月側窓アルミサッシ化。台車KS-5化。
星ヶ丘　昭和52/1977-12-9　阿部一紀

1789。台車KS-5。昭和41年9月に3扉・中間車化。同年11月に濃淡グリーン化。昭和46/1971-3-14　阿部一紀

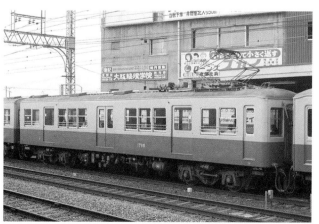

1789。昭和46年12月側窓アルミサッシ化。乗務員用開き戸下部の凹みが無い。昭和55/1980-11-24　阿部一紀

1751。台車MD-7。昭和42年2月に3扉・中間車化(濃淡グリーン)。昭和39年3月から屋根昇降段の各車系で位置の統一工事を実施したが、例外として1750型にはこれを設けていない(類似車体の1850型中間車では設けている)。
寝屋川車庫　昭和43/1968-10　所蔵：京阪電気鉄道

1752。台車MD-7。昭和41年12月に3扉・中間車化(濃淡グリーン)。貫通扉は開き戸のままでニス色に塗装されている。中間車化当初、左右の窓は先頭車時代とは逆に旧車掌台側が1枚窓、旧運転席窓が2段窓となっている。寝屋川車庫　昭和44/1969-4-20　澤田節夫

1752。旧先頭部の妻窓は貫通口を引戸化した際に上写真とは逆になっている。昭和52年5月台車KS-15に。
野江　昭和52/1977-12-9　阿部一紀

1751。昭和44年5月側窓アルミサッシ化。昭和52年5月台車KS-15に。昭和52/1977-12-9　阿部一紀

1752。寝屋川車庫　昭和46/1971-3-14　阿部一紀

1753。台車MD-7。昭和41年9月に3扉化、同年11月に中間車・濃淡グリーン化。昭和44年11月側窓アルミサッシ化。
昭和46/1971-3-14　阿部一紀

1753。昭和52年9月台車KS-15に。
千林　昭和55/1980-11-24　阿部一紀

1754。昭和41年7月に3扉化、同年12月に濃淡グリーン化。FS-6台車軸箱部改造後。乗務員用開き戸は下部の凹みが無いものに交換されている。
野江　昭和57/1982-7-2　阿部一紀

1755。昭和40年11月に3扉化。昭和41年12月に濃淡グリーン化。FS-6台車軸箱部改造後。乗務員用開き戸は下部の凹みが無いものに交換されている。中書島　昭和52/1977-12-9　阿部一紀

1756。昭和41年12月に3扉化(濃淡グリーン)。昭和45年1月側窓アルミサッシ化。昭和52年7月台車KS-15に。乗務員用開き戸は下部の凹みが無いものに交換。千林　昭和53/1978-5-21　阿部一紀

1757。台車MD-7。昭和41年10月に3扉化。同年11月に濃淡グリーン化。昭和44年9月側窓アルミサッシ化。
土居～守口　昭和45/1970-6-28　今井啓輔

1757。昭和52年6月台車KS-15に。乗務員用開き戸は下部の凹みが無いものに交換されている。野江　昭和57/1982-7-2　阿部一紀

1758。昭和41年8月に3扉化。同年12月に濃淡グリーン化。昭和46年12月側窓アルミサッシ化。FS-6台車軸箱部改造後。乗務員用開き戸は下部の凹みが無いものに交換。昭和52/1977-12-9　阿部一紀

1759。昭和41年9月に3扉化。晩年、貫通開き戸の特急標識板掛けは1756～1759のみ取り付け。昭和43/1968-7頃　奥野利夫

1759。昭和46年12月側窓アルミサッシ化。同年11月に濃淡グリーン化。FS-6台車軸箱部改造後。乗務員用開き戸下部の凹みが無い。
千林　昭和55/1980-11-24　阿部一紀

交野線を行く1701他4連。昭和43〜44年に屋根にヒューズ箱を移設して、配管が設けられた。私市〜河内森　昭和45/1970-9-20　高橋　弘

1757。私市〜河内森　昭和45/1970-9-20　高橋　弘

1757。昭和45/1970-9-19　直山明徳

1702-1752+1704-1754。Mcの貫通扉の特急板掛けは撤去されている。六地蔵(宇治側にあった踏切より)　昭和44/1969-4-12　高橋　弘

1756。台車MD-7。昭和41年12月に3扉化。寝屋川車庫　昭和46/1971-8　所蔵：京阪電気鉄道

1757。私市～河内森　昭和45/1970-9-20　直山明徳

1759。五条　昭和50/1975-2-11　直山明徳

1702。星ヶ丘　昭和52/1977-12-9　阿部一紀

1755他5連。三条　昭和52/1977年頃　髙間恒雄

1754他7連急行。晩年の本線・京都側での運用は少なくなっていた。丹波橋　昭和55/1980-2-21　中村卓之

1756。寝屋川市　昭和53/1978-9-30　阿部一紀

朝の宇治発三条行急行(宇治急)5連。六地蔵　昭和54/1979-3-8　中村卓之

1755。御殿山〜牧野　昭和55/1980-1-5　鹿島雅美

1756。西三荘　昭和55/1980-5-11　鹿島雅美

長年編成を組んでいた1800型はその機器と600系の車体と組み合わせて昇圧改造を行うために、1700型より先に姿を消した。1700型は運用の関係で一部に600系680型を組み込んだ編成で最後を迎えた。1704他7連(690組込)。野江　昭和57/1982-7-2　阿部一紀

1757他7連(690組込)。野江　昭和57/1982-7-2　阿部一紀

鉄道友の会による1300・1700型さようなら運転。寝屋川車庫　昭和58/1983-3-27　高橋　修

京阪1700の足跡

髙間恒雄

昭和26年、戦後の京阪分離後再発足以来、最初の新車がデビューした。特急用のセミクロスシート車1700型で、京阪間の鉄道サービス競争の幕開けとなった。長く京阪特急のイメージカラーとして定着することとなる赤と黄色の鮮明な塗装と纏って登場した最初の電車であり、大きな宣伝効果をあげた。不利な軌道条件の京阪線で、時代の要求するスピードアップを実現するために数々の新機軸を採り入れた台車の使用も特筆すべきものである。

その後、性能面で画期的な進化を遂げた1800型および車体を伸ばした1810型が登場すると、早くも一部がロングシート化されたりするが、昭和40年代初頭までは特急として使用されることがあった。その後、3扉化されて一般車に混じって運用され地味な活躍を続けることとなり、電車線電圧1500V昇圧時に廃車となった。この1700型の誕生から引退までを振り返ることとする。

■特急用1700型登場

戦後初めての特急電車を新造する計画は昭和25年夏ごろに具体化した。京阪神急行からの分離独立のころはひたすら輸送力増強のために質より量という具合であったが、世の中が落ち着いてくると利用客に対して魅力的、すなわち早く快適でなければならないという思いの上に立って、2扉転換クロスシート装備という充実した特急用車両として計画された。

さらに技術的にも斬新なものでかつ経済的には低廉で保守費の軽減も計ったものとして設計が進められた。

車体構造は17m級で1300・1600型と大差なく、最大寸法・台車間中心距離はこれらに準じている。構体の軽量化が計られ、側構は当時の国鉄80系電車と同様に屋根肩部まで上げた形で(当時「巻き上げ屋根」などとも呼ばれた)、屋根は電車線断線などの場合を考慮して木製(22mm厚のモミトガ)としている。外板は2.3t鋼板でウインドシルのみ外側に付いている(ヘッダーは内側)。側窓はクロスシートの配置に合わせた2段上昇式で(上段・下段とも上昇)、運輸省規格型であった1300・1600型では上下寸法が小さく鈍重な印象だったものが、戦前並みの寸法に戻って(幅800mm・高950mm)上隅にRも付けられて明朗な印象となり、雨樋は肩部のR始点のやや上に取り付けられ、屋根が薄くなって正面部では雨樋を下げ、ウインドシルとヘッダーのないデザインが特徴で、この部分はかつての60型びわこ号を近代的にアレンジしたようにも思われ、この時代の京阪スタイルを構築した。

従来と異なるのは、Mc-Tcの2両で1組の構成として、連結部は引戸付きの広幅貫通口で結ばれ、この2連を重連して4連を全部貫通できるように先頭にもホロを設けている(Mcが京都向き)。3連の場合には当面1300型を連結することにしていた。また1300型までは曲線区間に対する考慮と、風圧を考慮して正面は丸みの強い形状であったが、こ

1706-1756。守口車庫　生地健三

1755。京橋　昭和26/1951年　井上文雄

1700型登場時の新聞記事

國鉄一等なみ
京阪に新造車

京阪電車では千輛一億三千万円を投じ新造車十輛の製作を急いでい

たがこのほど完成、四月二日から京阪線に〝特急電車〟として突走する、台車は特殊設計による防振装置を採用、暖房、通風などの新設備が施され、轉換式国鉄一等車なみのロマンス・シートで照明も明るく従来より二倍以上の明るさを誇っている、進轉ダイヤ次のとおり

△天満橋発17・33と18・14△三条発7・33と8・06

写真＝京阪線にデビューする特急電車＝

の1700型では重連した場合の外観の向上も意識して、正面の丸みは抑えて運転室を広くして、固定連結面は切妻とすると共に連結面間寸法を縮小した(なお本来側窓には保護棒が必要のところ、特認を受けて省略している)。

車内は優等列車用ということで特に考慮され、扉間は国鉄1等車と同じエンジ色モケットの転換クロスシートを採用し(両端部は固定式)、座席の幅も従来より広くしている。扉の車端寄りはロングシートであるが、混雑対応および当時は床に主電動機の保守用のトラップドアが必須であり、これを避けたためでもある。内装はサクラベニアを使用し、ライトカラーワニス仕上げで、金物類は荷棚を含めほとんどをメッキ仕上げとしている。天井は薄いピンク色のメラミン焼付塗装で、照明を丸型の大きなグローブ8個(内部に40W白熱灯3個が入り、合計24個)として、荷棚部にもブラケット灯14個(60W白熱灯)を取り付け、放送装置も設置しているなど、良質のサービスを提供するものとなっている。車体には戦後著しい発展を示したプラスチックなどの各種材料を多く使用し、吊り手はビニール製、連結ホロはアミラン(合成繊維ナイロンの一種で当時生産開始)にビニール加工を施し、各種配線にはビニール電線を使用している。屋根上には押込式通風器8個と天井灯用小型通風器8個(歩み板下)を設置。

性能的には従来と同様の吊り掛け駆動方式だが、各部に改良を加え、全般に乗り心地の改善を図っている。起動時の衝動の少ない電動カム軸式複式・弱界磁減流起動の多段

式制御器(東洋電機ES554-A・直列7段・並列6段・弱界磁)で高速運転のため弱界磁制御が付加され、カム軸接触器と遮断器は別箱である。主電動機は110kW/600V(750V換算で150kW程度)のTDK-554A、主電動機の歯車にも噛み合い音が低減するマーグギアを採用(歯車比58/22=2.636)、2両の固定連結部には密着式連結器、先頭部は自動連結器で復心バネ入りとし連結器が振って端に寄らないようにし、緩衝装置を改良して運転中の衝動を少なくしている。ブレーキは台車ブレーキ方式を採用し、中継弁付AMA-R元空気溜管式。パンタグラフは新形を採用して取り付け部は二重絶縁としている。

1700型は3次に渡って製造された。昭和26年3〜4月に1701〜1705編成、2次車は昭和27年3〜4月に1706・1707編成、3次車は昭和28年4月に1708・1709編成、合計18両。車体製造メーカーは1701〜1708・1751・1753・1756〜1758は川崎車両、1752・1754・1755は帝国車両、1709はナニワ工機。なお車番については1600型に次ぐ形式ということで付番され、当初1800型も考えられたが、すでに構想が見えてきた高性能車に与えたいということで、順当に1700型になったということである。

1700型に始まる赤と黄色の特急色については栗生弘太郎氏氏「京阪特急カラーの遥かな記憶」(レイルNo.85)にその起源が発表されている。これによると昭和25年当時、専

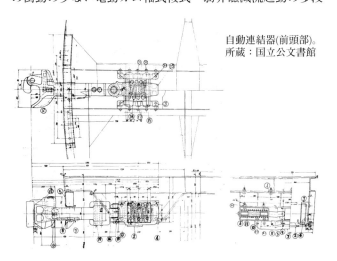

自動連結器(前頭部)。
所蔵：国立公文書館

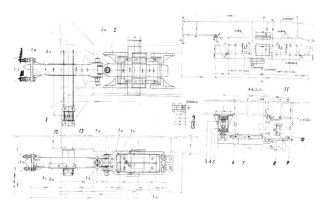

密着連結器(前頭部)。所蔵：国立公文書館

務であった今田英作氏(のちに会長)の指示をうけた常務の
川崎一雄氏が、最終的に京都大学教養学部の図学の教授・
池田総一郎氏に相談して、赤と黄の色に決まったようで、
アメリカのサザンバシフィック鉄道デイライト特急の塗装
のイメージが下地にあったようである。

　また京阪特急の赤色と黄色は近年カーマインレッド・マ
ンダリンオレンジと呼ばれているが、もともと社内ではこ
のような呼び名はなく(カーマインレッドの方は当時の京
阪ファンの間ではこのように呼ばれていたらしい)、車両
部にお勤めであった栗生氏が「鉄道ファン」誌に記事を書か
れる際に黄色の語源を調べられて、マンダリンオレンジと
書かれたのが、元となっているようである。

■多種の台車を採用

　曲線の多い京阪線ということで乗り心地にも配慮して新
型の「防振」台車を採用した点が1700型の特徴の一つであ
る。扶桑金属(当時)と中日本重工業三原製作所(当時・昭和
27年に新三菱重工業に改称)、汽車会社の3社に発注して3
種4形式で、各社の独自設計を競う形となった。

　昭和26年3〜4月製造の1次車登場時は1701・1703編成
と1702がMD-7、1704・1705編成と1752はKS-3と思わ

MD-7。生地健三

れる。しかし当初より不具合の改良のために台車振替が頻
繁に行われている。またこれとは別に昭和26年4月にＦＳ6
も4両分製造されているので、この時期に2次車分も含めた
両数の台車が製造されたようである。

　中日本重工業製MD-7台車は、トーションバネ式の軸ば
ね機構の特徴的な形をした台車である。片持ち式のスイン
グアームで軸箱の上下動を案内する軸梁式の軸箱支持台車
で、軸箱守を省略した先進的設計で、同時期に川崎車輌で
作られていたOK形シリーズに少し似ているが、アームの

MD-7。所蔵：京阪電気鉄道

MD-7。所蔵：京阪電気鉄道

MD-7(製造当初)。所蔵：京阪電気鉄道

MD-7。フレームや軸箱支持装置が改造されている。
昭和40/ 1965-12　吉岡照雄

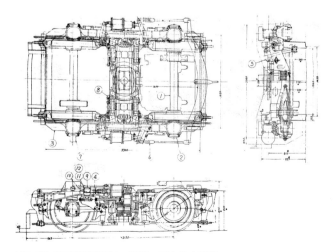
MD-7台車図(製造当時)。所蔵：国立公文書館

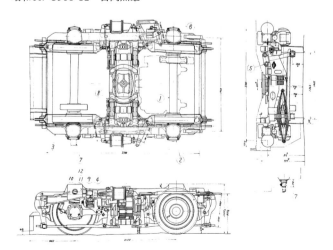
MD-7台車図(昭和32年当時)。所蔵：国立公文書館

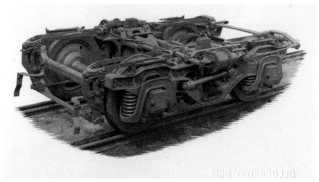
KS-3。写真：朝倉圀臣コレクション

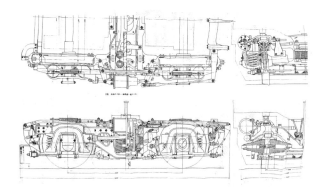
KS-3台車図。所蔵：国立公文書館

KS-3。昭和26/1951-5-9　奥野利夫

KS-3(1706)。まくらバネの板バネをオイルダンパ併用コイルばねに改造。ころ軸受化。昭和54/1979-8-19　髙間恒雄

KS-5。所蔵：京阪電気鉄道

KS-5。生地健三

KS-5(1788)。まくらバネの板バネをオイルダンパ併用コイルばねに改造。ころ軸受化。昭和55/1980-2-3　髙間恒雄

部分はこれよりも短い。ころ軸受を採用している。ボルスタアンカーは取り付けられていない。上下動が激しかったようで、記録では運用開始直後から何回も改造を受けており、このため当初から台車振替が頻繁に行われた。

　結局、MD-7は振替によってすべて制御車用になり、昭和33年頃には軸箱支持装置を改造し、アームの始点付近に小さなばねが1個付き、その後さらに最終的にコイルバネ支持に改造、ばねが2個となって台車枠も側面部が凹まない形に変化しているのが確認できる。その後、昭和52年に600系から転用のKS-15に履き替えて淘汰された(量産形シンドラー台車の最初である)。MD-7の軸梁形は改良されて、現在ではモノリンク式として復活を遂げている。

　汽車会社の場合は髙田隆雄氏「台車と私」(鉄道ジャーナル誌1975年7月号)によると、昭和25年に京阪神急行(阪急)から流線型車体で有名な同社200型がそれまで履いていたブリル台車に代わる台車1両分の発注を受けた。これとほぼ同じ時期に京阪の新特急1700型用としても発注を受けて、両者の仕様条件が一致するので共通設計で進めることになった。

　台車の設計は髙田隆雄氏によるもので、釣合梁をなくしたウイングバネ式である。

　設計方針としては、軸距を短縮・枕ばねにコイルばねの採用・長くて単純な釣りリンクの採用・心皿高さの低下・ボルスタアンカの採用を盛り込んだ。軸距は従来は長いほうが良いと思われていたが、短くすると重量の軽減、床下機器のスペースの確保などのメリットもあり、もともと京阪では軸距が他社より短かったこともあって、短い軸距を採用することとなった。当初は2000mmの予定であったが、主電動機が収まらないことから2150mmにすることとなり、扶桑・新三菱製もこの軸距となった。

　枕ばねにコイルばねの採用は計画したものの、この時点で鉄道車両用のオイルダンパが作られていなかったので、たわみの大きなコイルばねを枕ばりにつけようとしても減

FS6。生地健三

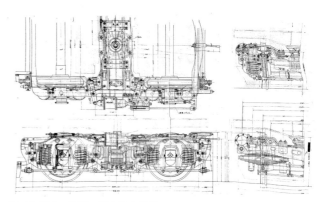

FS6台車図。所蔵：国立公文書館

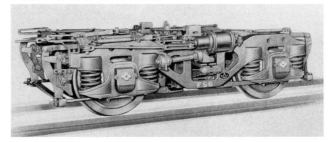

FS-6。住友台車カタログ

衰装置がなく無理であった。そこで減衰の手段として板バネを並列に設けて、板ばねのばね板同士の摩擦抵抗を利用する設計とした。コイルばねと板ばねとの荷重分担は半々としている。他のメーカーもこの方式を追従した。

　この半年後には鉄道車両用のオイルダンパが開発されるが、コイルばね・板ばね並列仕様方式はこの過渡期の産物となった。

　この台車はまた日本で最初にボルスタアンカを取り付けた台車であり、駆動力・制動力を台車枠からボルスター(上揺れ枕)へ前後方向にすきまのガタなく円滑に伝え、台車枠のビビリ振動を車体に伝えない効果が認められて、その後の各社の新製台車にも採用された。なお台車枠はI形断面の鋳鋼組立製である。ウイングバネ部は従来はバネ枠と軸箱が一体で重く、取り扱いや車輪削正時に不便だったが、これらを別体として、あたかもバネ枠が両側のウイングバネの釣合梁の作用をするような構造である。

　完成した台車は当初阪急200のものはKS-1、京阪1700電動車用をKS-2、京阪1700付随車用をKS-3と命名した。京阪用はその後、電動車用をKS-3A、付随車用をKS-3Bと変更、記録では昭和26年に2両分ずつ製造している。先述のようにKS-3は1704・1705編成と1752の5両の運用開始時に使用されていたと考えられるが、同時ということではなく、製造されたのは4両分なので直後から振り

台車振替一覧

	製造年	製造時(不確定)	S31頃	S32～33(ロングシート化開始)	S46	S52	S58
1701	S26	MD-7	KS-3				
1702		MD-7	KS-3				
1703		MD-7	KS-3				
1704		KS-3	FS-6	KS-5			
1705		KS-3	FS-6	KS-5			
1706	S27	KS-3	KS-3				
1707		MD-7	KS-3				
1708	S28	KS-5	KS-5	FS-6	KS-5		
1709		KS-5	KS-5	FS-6	KS-5		KS-3
1751	S26	MD-7	MD-7			KS-15	
1752		KS-3	MD-7			KS-15	
1753		MD-7	MD-7			KS-15	
1754		KS-3	FS-6	KS-5	FS-6		
1755		KS-3	FS-6	KS-5	FS-6		
1756	S27	KS-3	MD-7			KS-15	
1757		MD-7	MD-7			KS-15	
1758	S28	KS-5	KS-5	FS-6			
1759		KS-5	KS-5	FS-6			

替えがあったものと推定される。阪急用と京阪用の差は台車にブレーキシリンダの有無である。出来上がった台車は阪急用は本線で高速で試験をするために仮に710系Tcに装着、続いて完成した京阪用では完成したばかりの1700型に取り付けて本線での試運転を繰り返したが、いずれも乗り心地は従来の台車より飛躍的によくなったことが確認された。

　その後、昭和28年に電動車用KS-5A(3両分)、付随車用KS-5B(2両分)を製造している。写真で見る限り、枕ばねの受け方と端梁の形状が変更されているが、概ねKS-3と同じと思われる。のちにKS-3・KS-5は枕ばねをオイルダンパ併用でコイルばね化し、製造初は断念していた構造を実現している。

　扶桑金属製FS6台車は昭和26年4月に2編成分納入、M用(製番H-2057①)とT用(製番H-2057②)があるが、軸ばね剛性と制動倍率の相違程度のため、いずれもFS6と呼称。

　箱形断面一体鋳鋼台車枠で、同時期の阪急710系用FS5と同様のトラス構造で似ているが、軸距が2150mmと短い。特徴はボルスタアンカー付きとしたことである。枕ば

御祓いを受ける2次車1707-1757と関係者。
守口車庫　所蔵：京阪電気鉄道

ねは板バネでスパンを大きくして柔らかい乗りごこちとしている。台車ブレーキであるが、手ブレーキ付きのため、ラジアスバーがついている。当初は平軸受だが、昭和45〜46年にコロ軸受化し、同時に軸箱まわりを従来の一体形からKS-3・KS-5と同様に軸箱部分と分離できるウイング形(鞍形)に改良されている。なお製造当時の台車はダークグリーン(緑がかったグレー)という記録があり、8000系登場のころまでこのカラーを継承したようである。

■新製直後の変遷と増備

　1次車は5編成が製造された。台車はMD-7とKS-3の2種で認可申請を行っている。新製後まもない昭和26年7月頃に、先述のようにMD-7台車の改造修理を実施し、7〜12月にはこの台車をTcに回しM台車をKS-3に振替。昭和26年12月に1755の、昭和27年1月には1703の台車再振替の記録がある。先述のように1次車製造時に両数分より多い台車が購入されていた模様で、走行試験や修理もあった関係か、台車の振替は複雑である。

　昭和27年3〜4月に2次車1706・1707編成が完成する。台車はこの編成用に新製されたものではなく、1次車のMD-7・KS-3の改造振替があった関係で、1706編成はKS-3、1707編成は1次車用だったMD-7の改造を実施した台車を履いて登場した(本来はFS6を使用する予定だったと推定)。この増備で同年5月1日のダイヤ改正から特急のスピードアップ(天満橋〜三條53分→48分)と一部4連運転が本格的に開始された(4連運転は同年3月30日から2編成で先行実施)。

　特急のシンボルマークは昭和27年7月17日に一般公募で選定した鳩マークに変更し、より華やかさが増した。

　昭和27年に扉両脇の窓の保護棒を取り外し、同年8月頃に防火対策工事を実施(客室内に引き戸開閉コックを取り

1754。守口車庫　昭和26/1951-5-9　奥野利夫

付けなど)。またこの少し前にパンタグラフの取り付け台の絶縁強化を実施。

　昭和28年4月に3次車1708・1709編成が完成する。1・2次車では屋根が電車線の断線などの場合を考慮して木製であったが、3次車では金属製となった。屋根端部の雨樋の形状もすこし異なる。側引戸は鋼製に変更、当初から扉両脇の窓の保護棒はない。連結器が先頭・中間側とも日鋼型密着自動連結器(タイトロック・NB-II)に変更された。

　特筆されるのは車番で、正面の標記が車番そのままでは

1758(3次車)。正面の車番標記が独特であった。守口車庫　所蔵：京阪電気鉄道

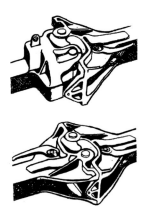

3次車で採用の日鋼型密着自動連結器(上は並型自動連結器との連結状態)。

昭和28年4月23日　基本編成

昭和28年9月16日　基本編成

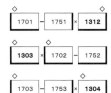

1701	—	1751	×	**1312**
1303	×	1702	—	1752
1703	—	1753	×	**1304**
1704	—	1754
1705	—	1755
1706	—	1756
1707	—	1757
1708	—	1758
1709	—	1759

1701。八幡町〜淀　昭和31/1956-9-4　奥野利夫

なく、7-8・7-58といった様式で上下2箇所とされた。しかし特に深い意味はなかったとのことで、1800型試作車登場後に通常表記に戻った。側面腰部の車番は切抜き文字を取り付け(1708編成は白塗装・1709編成はメッキ調)、社章も鋳物となる。この3次車は当初から鳩マークを掲げ、腰部の赤色は若干黄色味が強くなった。

台車は2編成ともKS-5(昭和28年製造)を使用(この台車は5両分製作され、のこり1台車はKS-3の台車改造を実施する時の予備として購入され、1702に使用)。

昭和28年7月には1700型のスタイルを継承しながら、高性能車として1800型試作車が登場する。この1800型は1700型とも連結可能で、当初から混結して晩年まで使用することとなる。

昭和28年6月〜29年8月に標識灯の取り付け位置を左右とも腰部に変更。

この当時はおおよそ2年毎に車体外部の塗装を行ってい

るが、その中間時期に赤色の顔料が褪色するので腰部のみの塗装も行っている(昭和30年頃までは1年検査・3年検査の入場とは別に塗装のみを実施していた)。

昭和28〜30年に1・2次車の側引戸を鋼製引戸に交換を実施(この時は4枚の扉一斉ではなく、2枚ずつを2度に分けて実施した車両もある)。

昭和29年4月には1800型2次(量産)車10両が登場する。

昭和29年7月に1756の台車をFS6からKS-5に振替。

昭和30年前後には1・2次車の屋根改良を実施、黄色ビニール張りとした(メーカー出張工事)。

昭和30年には出入り口部の固定クロスシートの背部に補助イスの保護帯金を取り付け、同時に車両内部の剥離塗装を実施。おなじ頃、1次車のロングシート座席の改良工事を実施。昭和30〜32年9月に1・2次車の窓枠を交換(チーク材)。

昭和31年には1次車の一部のクロスシートの座布団をオ

1755(FS-6台車時代)。
守口車庫
昭和30/1955-10
沖中忠順

1754他6連。1703〜1705編成は昭和34年3・4月の格下げロングシート化後も特急色を維持していた。守口〜土居　昭和40/1965-7-25　今井啓輔

ールラテックスとし、全表地を洗濯し、染色して張り替えている。

　昭和31年4月〜6月には1701〜1705・1751〜1755の5連対応改造工事を実施、電磁ブレーキ弁に改造。従来の電気連結器栓を取り外して14芯のものを取り付け。また天井灯を蛍光灯化し(天井板は交換)、Tcに1kWのMGを取り付けた。

　昭和31年4月〜32年6月、1・2次車の正面の連結器を従来の柴田式から新日鋼式NB-Ⅱ型に取り替え(発生した従来の柴田式は1650型に転用)。

■一部急行用に格下げロングシート化

　昭和31年からの1800型車体延長版1810型の増備に伴い、特急用に整備されていた流線型1000型は昭和31年ロングシート化されている。また特急増結用1300型も指定を解除した。

　昭和32年頃に車番を文字板取り付けに変更している。

　特急車として華々しくデビューした1700型であるが、栄華は長く続かなかった。昭和32年から1703〜1707・1753〜1757がロングシート化改造され(シートはラテックス入り緑色モケット・床は茶色のトヨサン張り・吊革増設)、昭和32年製造の新車1650型と同じ濃淡グリーンの塗装に変更され、主として急行以下の運用に格下げされた。座席の袖はすべて新品に変えた車両と、これらから外したものを流用した車両がある(1752→1704・1708→1706)。荷棚はそのままでブラケット灯は残されている。

　まず昭和32年10・11月に新しい1707〜1709編成がロ

ングシート化、当時の1650型と同じ濃淡グリーンの塗装に変更された。正面幌もライトグリーンのものに交換。3次車ではわずか4年で格下げされることになる。1708・1709編成は台車交換でFS6台車とした(車体と台車の整理を目的に昭和32年12月に1704のFS6と1708のKS-5、昭和33年2月　に1705・1755のFS6と1709・1759のKS-5、同年10月に1754のFS6と1758のKS-5を交換)。

　昭和33年2月に1706編成が特急色のままロングシート化されるが、昭和34年3月に濃淡グリーン化。昭和34年には特急の混雑緩和のために1703〜1705編成が特急色のままロングシート化され、朝夕の特急に大阪方に増結された。

　この時点で1700系は1701・1702編成がクロスシートを維持した特急用で残され、他はロングシート(特急色1703〜1705編成・濃淡グリーン1706〜1709編成)である。

　昭和33年12月〜34年4月、クロスシート車1751〜1755の電気制動改良工事。従来は1700・1800・1810型はTcから電気制動がかけられなかったものを、制動操作統一のため、Tcの制動弁を電気接点付きのものに取り替え(MD-24-Cから電気接点付MD-24-Xに取替)、Tcに電気制動表示灯を設けた。

　昭和34年5月〜35年2月、1706〜1709・1756〜1759の5連対応改造工事を実施、天井灯を直流蛍光灯化した。

　昭和36年3月〜37年1月、地下線乗り入れ対策工事(第一次)、側窓に保護棒を取り付け(元々特認を受けて取り付けていなかったもの)の他、扇風機取り付け準備(1701〜1705編成の蛍光灯具を交流点灯のまま本数を変更、位置・形状は1706以降と同様にした)、ノーベルフォン取付

1756。ロングシート化。七條〜五條　昭和34/1959-4
大須賀一之助(所蔵：宮武浩二)

1708。ロングシート化後。所蔵：京阪電気鉄道

1702-1752は昭和38年2月格下げロングシート化と濃淡グリーン塗装化されるが6月に特急色に戻る。1752他。
大和田　昭和38/1963-11-23　奥野利夫

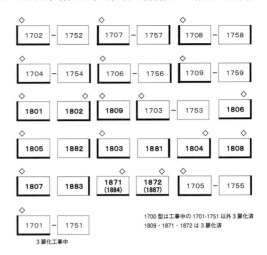

1700・1800系昭和42年1月1日の編成表　　作成：西野信一

1702	—	1752		1707	—	1757		1708	—	1758
1704	—	1754		1706	—	1756		1709	—	1759
1801		1802		1809		1703	—	1753		1806
1805		1882		1803		1881		1804		1808
1807		1883		1871 (1884)		1872 (1887)		1705	—	1755

1701	—	1751
3扉化工事中

1700型は工事中の1701-1751以外3扉化済
1809・1871・1872は3扉化済

準備、アルカリ蓄電池取付準備、車内放送回路配線替えなどを実施。。

昭和36年8月〜37年12月、地下線乗り入れ対策工事(第二次)。同時に全車屋根ビニールを張り替え(車両屋根用イボ付ビニール・昭和32年度増備の1810系1817〜・1886〜から採用)、通風器の取り付けの絶縁を実施。昭和37年頃にカーテンをサラン製に取り替え、同じ頃に運転席窓のワイパーを交換。

新1900系の増備により、1701-1751・1702-1752も昭和38年に急行用に格下げロングシート化。1702-1752は昭和38年2月(濃淡グリーン化)、1701-1751は昭和38年4月(特急色を維持)。同時に幌取り替え。

急行用に格下げされた一方、淀屋橋延長効果で休日の特急が増結・増発されるようになり、濃淡グリーンとなっていた1702・1706〜1709編成は昭和38年6〜7月に再び特急色に塗り替えられた。これにより、この時期の1700型は全車ともロングシートながら特急色となる。当時は一般車は普通運用に適した2000系が新製されていたが、高速連続運転の特急運用には向かないことから、2扉を維持し、普段は6連で急行運用を主体にしていた1700・1800型が特急に入ることが必要であった。

昭和38年、1900系がデビュー。1700・1800型は7連対策工事を実施(1810型は1900系に編入改造)。制御・補助

回路をDC600VからDC100V化して、制動弁を電気接点付MD-24Xに交換(1900系との組成時に同系が備えている発電制動を作動させる)。1756〜1759には補助回路電源用に3.5kVAのMG(TDK-356-A)を取付。同時に荷棚を改造してブラケット灯は廃止。翌年には空気ばねペローズ表示灯を取付。

昭和39年7月〜41年5月、屋根昇降段を妻面に移設、連結栓保護箱取付(未取付車)、車両標記替。運転士席窓のガラス強化(アルミサッシ化)。昭和39年7月〜40年1月頃に戸当り・戸袋ガラス強化。同じ頃に長編成化に伴い、制動装置に電磁吐出弁を新設。

■3扉化改造

1700型にとって最も大きな変化が3扉化改造である。前述のとおり、1900系登場後も1700・1800型は特急に運用されることがあったが、昭和39年に2200系が登場して増備が進み、臨時特急は同系が使用されることになったので、17m級車体が主体の1700型と1800型はこれ以降、1900系とは運用を分離して、一般車運用に専念することになったためである。

3扉化では中央に1300mm幅の両開き式扉が増設され(扉は新設・既設ともステンレス製扉となる)、前後の片引戸

3扉化された1700型(1756)。3両目は1810型から編入された1880型。五条〜七条　昭和45/1970-5　奥野利夫

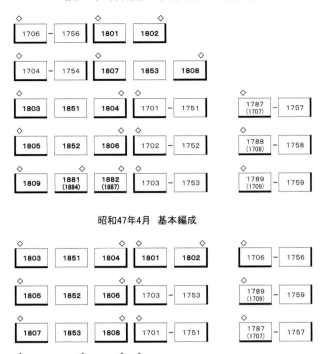

昭和45年11月、昭和46年8月15分ヘッド 基本編成

◇
| 1706 | - | 1756 | | 1801 | | 1802 |

◇
| 1704 | - | 1754 | | 1807 | | 1853 | | 1808 |

◇
| 1803 | | 1851 | | 1804 | | 1701 | - | 1751 | | 1787
(1707) | - | 1757 |

| 1805 | | 1852 | | 1806 | | 1702 | - | 1752 | | 1788
(1708) | - | 1758 |

| 1809 | | 1881
(1884) | | 1882
(1887) | | 1703 | - | 1753 | | 1789
(1709) | - | 1759 |

昭和47年4月 基本編成

| 1803 | | 1851 | | 1804 | | 1801 | | 1802 | | 1706 | - | 1756 |

| 1805 | | 1852 | | 1806 | | 1703 | - | 1753 | | 1789
(1709) | - | 1759 |

| 1807 | | 1853 | | 1808 | | 1701 | - | 1751 | | 1787
(1707) | - | 1757 |

| 1809 | | 1881
(1884) | | 1882
(1887) | | 1705 | - | 1755 |

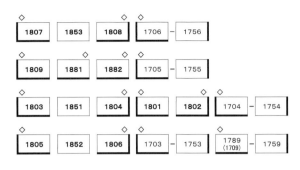

昭和48年12月 基本編成

| 1807 | | 1853 | | 1808 | | 1706 | - | 1756 |

| 1809 | | 1881 | | 1882 | | 1705 | - | 1755 |

| 1803 | | 1851 | | 1804 | | 1801 | | 1802 | | 1704 | - | 1754 |

| 1805 | | 1852 | | 1806 | | 1703 | - | 1753 | | 1789
(1709) | - | 1759 |

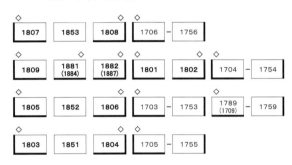

昭和52年2月 基本編成

| 1807 | | 1853 | | 1808 | | 1706 | - | 1756 |

| 1809 | | 1881
(1884) | | 1882
(1887) | | 1801 | | 1802 | | 1704 | - | 1754 |

| 1805 | | 1852 | | 1806 | | 1703 | - | 1753 | | 1789
(1709) | - | 1759 |

| 1803 | | 1851 | | 1804 | | 1705 | - | 1755 |

と違う形状となったのは、窓配置の関係であった。各出入口上部に跳ね上げ式の吊り手を新設、屋根にはポリエステル加工を実施。なお最初に改造された1705-1755は川崎車両に送られて改造され、その後は守口工場で実施されている。改造当初1751～1753はTcのままであった。なお昭和41年8月に起きた事故で、3扉化間もない1703-1753が損傷したが、11月に復旧し、この際1753は中間車に改造。

　3扉化改造と同時または改造後にATS装置を新設し、1707～1709・1751～1753は運転台を撤去して中間車に改造(車内の仕切は撤去したが、乗務員用扉は固定化のみ)。また1700・1800などの系列では付番を整理するために後ろ2桁をTcは50代、Moは80代とすることになり、1707～1709は1787～1789に改番された(昭和42年5月10日付・1751～1753は改番なし)。当初は1700型全18両で6連3本として計画されて、4+2の6連を基本とすべく、6両の中間車化となった模様である。速度計が設けられ、床下機器・運転室内機器の一部移設も実施、また1900系と連結することが無くなることから、制動弁は空気制動のみに戻り、空気バネ表示灯も撤去されている。

　なお従来実施されてきた近鉄京都線との相互乗り入れには1700型も使用されていたが、昭和43年12月20日に廃止

された。

　3扉化改造は昭和40年11月～昭和42年2月に実施され、この改造直前は全車特急色塗装であったが、初期の3扉化改造出場車は特急色のままで3扉車となり、後期改造車(1706-1756・1702-1752・1701-1751)は改造時に濃淡グリーンに塗り替えられ、特急色で改造された車両も半年から1年の間に濃淡グリーンとなったので、特急色3扉の記録は極めて少ない。また短期間で変化の続いた1707～1709の変化を表1にまとめた。

　野江～天満橋間高架複々線化に伴う勾配区間の増大に伴い、500型～1900(旧1810)系の一部形式で、部内で「大京橋対策」と呼ばれた牽引力強化工事が実施されたが、出力の大きい1700型では主電動機・歯車比はそのままであった。昭和43～44年には主回路などの全配線を交換引替し、屋根にヒューズ箱(多素子)を移設し、一部は扇風機回路を200V化した。

　昭和44年～46年に側窓のアルミ窓枠化を実施、同じころに内部のニス塗りも全剥離して再塗装している。

　昭和45年には列車選別装置・戸閉保安装置・応荷重装置を新設、車側に非常知らせ灯を新設し、戸閉知らせ灯も交換、車掌室に縦仕切を新設、同時に扇風機回路をAC100V

表1　1707～1709の変化

1707→1787

昭和41-9-5入場・10-20出場で3扉化。昭和41-11-24入場・11-28出場で濃淡グリーン塗装化。昭和42-1-6入場・1-17出場で中間車化・改番。

1708→1788

昭和41-6-27入場・8-15出場で3扉化。昭和41-12-3入場・12-5出場で濃淡グリーン塗装化。昭和42-2-13入場・2-22出場で中間車化・改番。

1709→1789

昭和41-8-1入場・9-7出場で3扉化。昭和41-11-21入場・11-24出場で濃淡グリーン塗装化。昭和42-5-4入場・5-14出場で中間車化・改番。

KS-15(1756)。角形断面の軸バネを使用。
昭和54/1979-8-19　髙間恒雄

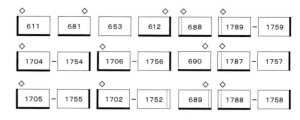

1700・600系(Ⅱ)混結編成表(昭和58年6月)

◇	◇		◇	◇	◇	
611	681	653	612	688	1789	– 1759

◇		◇		◇	◇	
1704	– 1754	1706	– 1756	690	1787	– 1757

◇		◇		◇	◇	
1705	– 1755	1702	– 1752	689	1788	– 1758

化した。この頃、密着自動連結器をNB-ⅡからNCB-Ⅱ型に変更(連結器下に解放テコがある)。

　昭和45〜46年には火災防護対策および母線引き通し新設。母線ヒューズ箱を新設し、補助ヒューズ箱を取替(屋根のヒューズ箱が2個となる)。床下を全面金属化し、運転室横仕切に引戸を新設、連結面の両開戸を鋼製化した。中間車改造された旧先頭車の旧運転室妻面の扉は開戸から引戸に変更された。

　昭和45年12月に、1789の台車を1755と振替。昭和46年5月に1788の台車を1754と振替。これによりFS6は4両分ともTc用となり、電動車はすべて汽車会社製KS-3・KS-5となった。

　昭和47年に直通予備ブレーキを新設した。同じころに先頭側の貫通口の桟板・連結側の幌を改造。昭和48年には列車無線装置を新設、屋根にアンテナを設けた。

　昭和50〜51年に1700型のパンタグラフをPT-4202Aに振替、昭和52年に一部TcのMD-7台車を600系T車が使用

していたKS-15に振替(1751〜1753・1756・1757)。

　電車線電圧の1500V昇圧が実施されることとなり、編成を組んでいた1800型は600系(Ⅱ)の車体をもらう形で新1800型として昇圧後もしばらく使用することとなった。その改造工事が開始された関係で、旧1800型が昭和56・57年に運用を離脱。昭和57年2月には600系(Ⅱ)680型と1700型の併結工事を実施(1787〜1789・1751〜1753)して7連3本を組成した。

　吊掛け駆動で17m車の1700型は電車線電圧の1500V昇圧前日まで使用されて廃車されることが決まり、昭和58年3月に1701・1703編成が廃車。引退前には鉄道友の会主催のさよなら運転が1701-1751+1312というかつての特急編成で実施され、残っていた車両は昇圧前日まで運用ののち、廃車となった。

　晩年は地味な活躍で注目されることも少なかったが、京阪特急の基本型を確立した形式として、記憶に留めたい車両である。

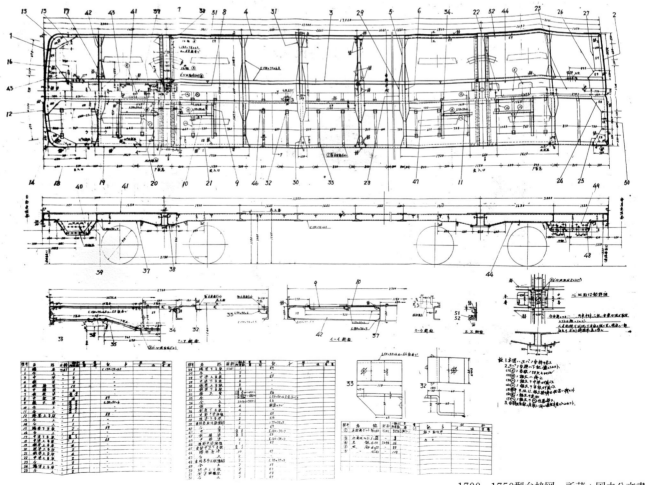

1700・1750型台枠図。所蔵：国立公文書館

1300・1700型さようなら運転。
京橋～天満橋　昭和58/1983-3-27　所蔵：京阪電気鉄道

1500V昇圧前日の1700型最終日、留置のため淀車庫への回送を兼ねて楠葉行き急行となった1759。楠葉　昭和58/1983-12-3　髙間恒雄

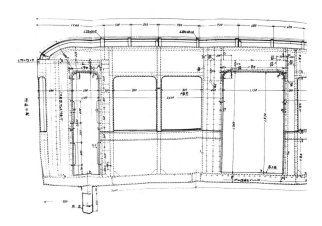

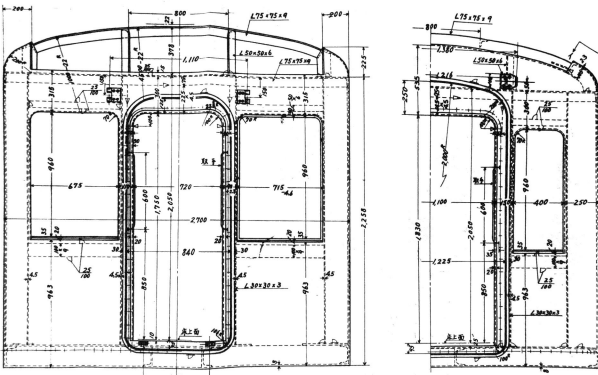

鋼体図(正面・連結面部)。川崎車輌で昭和26年1月に作成された図。屋根中央部は木製(凹んでいる部分)。所蔵：国立公文書館

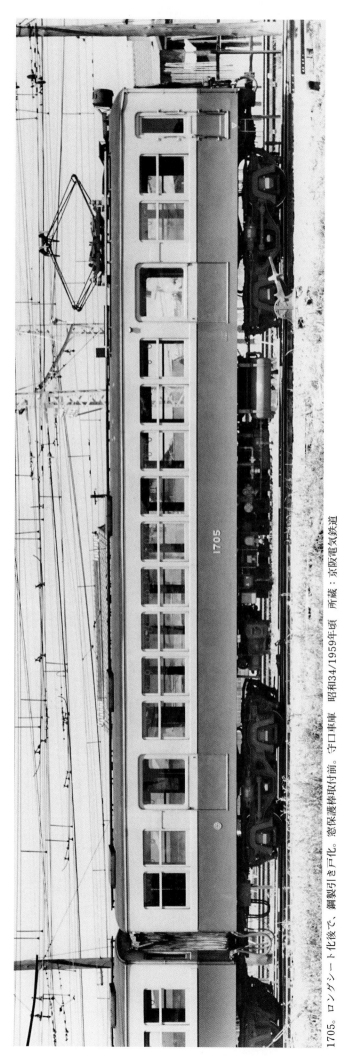

1705。ロングシート化後で、鋼製引き戸化。窓保護棒取付前。守口車庫 昭和34/1959年頃 所蔵：京阪電気鉄道

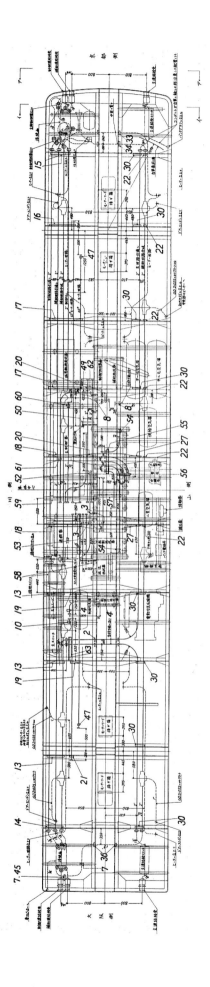

1700型床下電線管図。

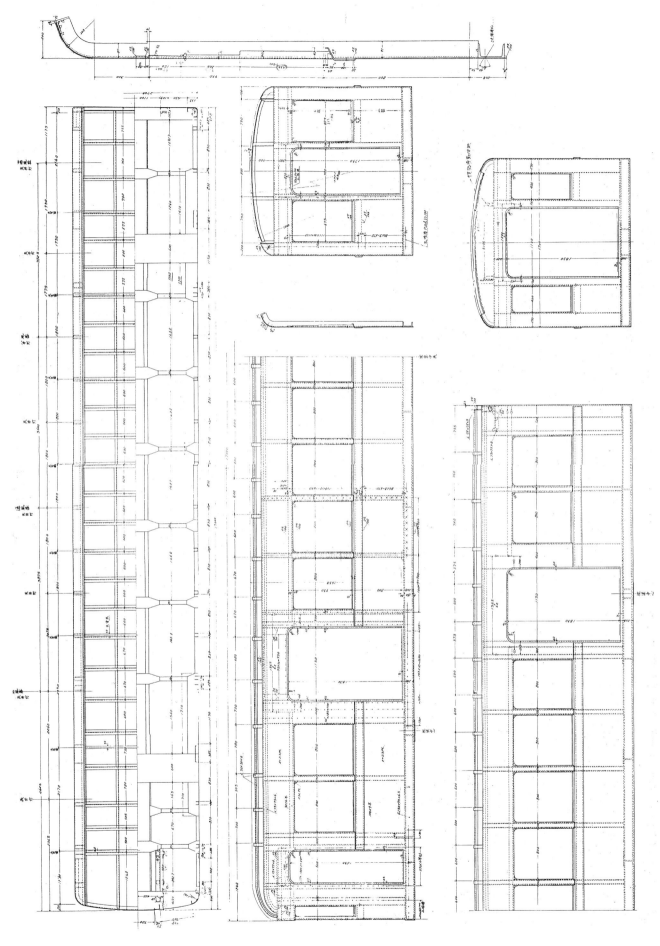

1700型鋼体図。帝国車輛で昭和25年10月に作成された図で、1754・1755が該当する。側面は屋根肩部まで鋼体が張り上げられた形で、屋根と正面上部の中央寄りには木製であることがわかる。

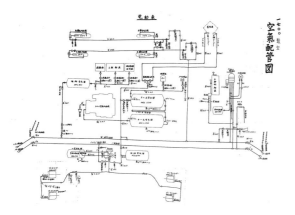

1700型空気配管図。所蔵：国立公文書館

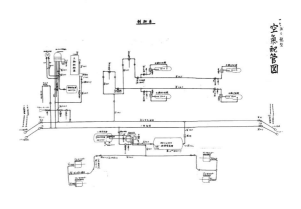

1750型空気配管図。所蔵：国立公文書館

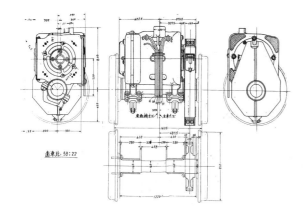

TDK-554型主電動機図。所蔵：国立公文書館

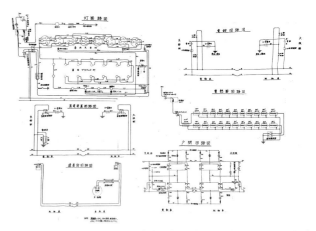

1700・1750型車内電気接続図。所蔵：国立公文書館

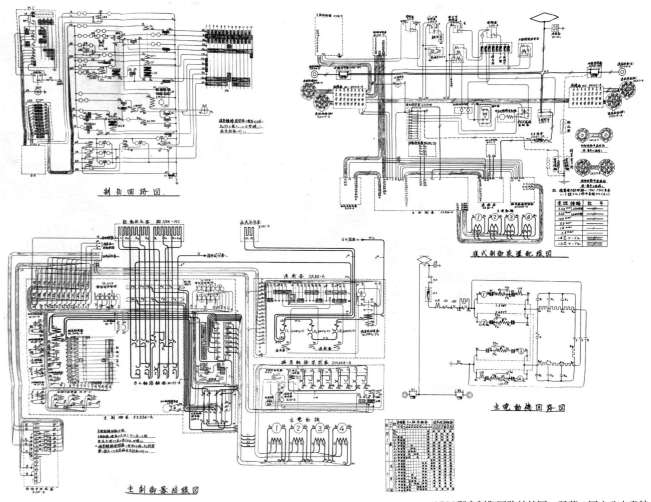

1700型主制御回路結線図。所蔵：国立公文書館

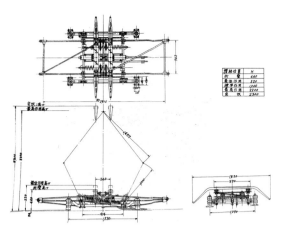

C4-31型パンタグラフ図(東洋電機製)。所蔵：国立公文書館

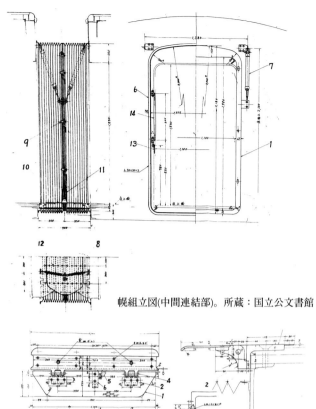

幌組立図(中間連結部)。所蔵：国立公文書館

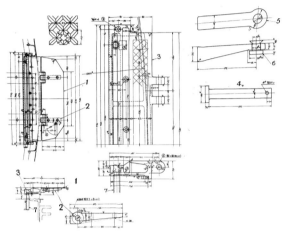

桟板図(先頭部)。所蔵：国立公文書館

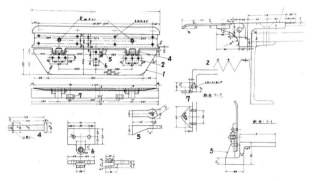

桟板図(中間連結部)。所蔵：国立公文書館

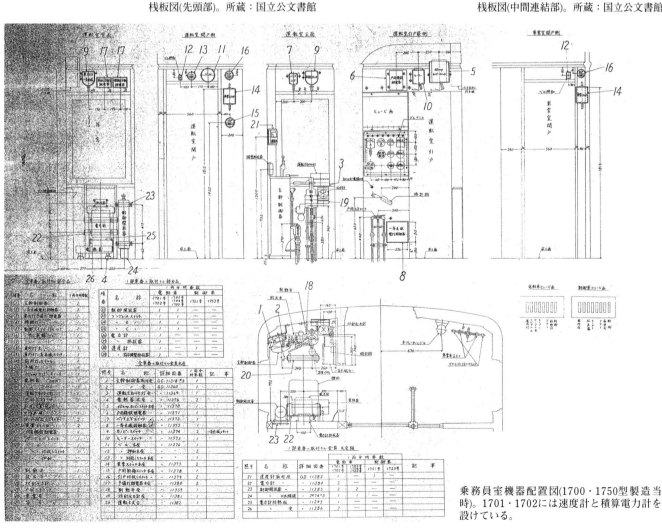

乗務員室機器配置図(1700・1750型製造当時)。1701・1702には速度計と積算電力計を設けている。

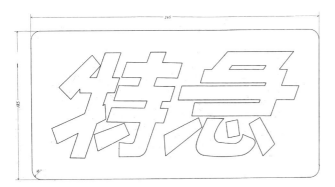

サイドボード(側面の種別表示板)図面。

サイドボード(側面の種別表示板)。

サイドボード(側面の種別表示板)。昭和29/1954-9-11　山口益生

2段窓と当初のペイント塗りの車番と社章。
昭和29/1954-9-11　山口益生(2点とも)

蛍光灯化された天井(1705)。所蔵：京阪電気鉄道

MG(1kW)。車内灯蛍光灯化時に1751〜1755に取り付け。車番は切り文字の貼り付けに変更後。所蔵：京阪電気鉄道

鋼製化された扉。所蔵：京阪電気鉄道

1709の屋根。屋根に通風器は8個付いているが、Mcのパンタグラフ直後のものは歩み板を避けて車体中心寄りとなっている。所蔵：京阪電気鉄道

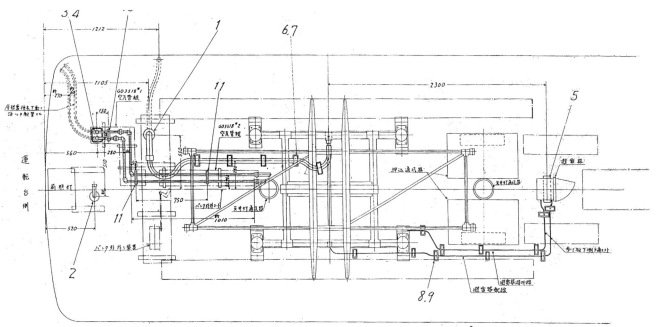

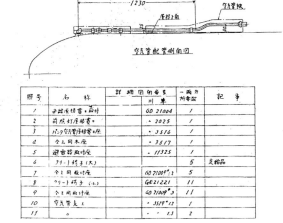

屋根上艤装図(1706・1707)

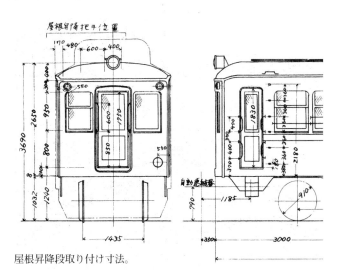

屋根昇降段取り付け寸法。

1700型。
パンタグラフ
はPT-4202A。

1700型。
高橋　修

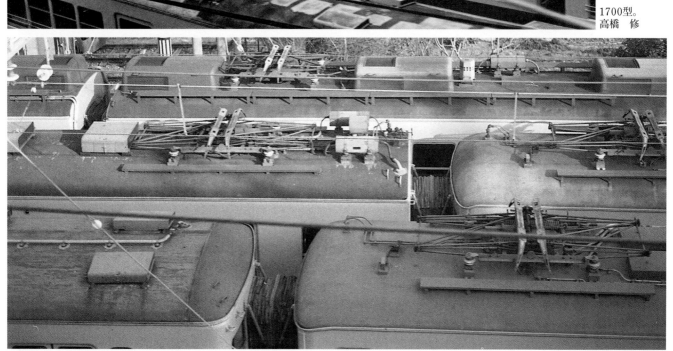

中央左は690・中央右は1787。下左は688・下右は1789。

1788。昭和43 〜 44年に屋根にヒューズ箱を移設(1個取り付け)、さらに昭和47年には母線ヒューズ箱と補助ヒューズ箱の2個取り付けとなる。

1780型。高橋 修

前照灯(1759)。

1780型。

1709-1759。

車番。

通風器(1759)。上写真5点　昭和58/1983-12-3　髙間恒雄

1706。昭和54/1979-8-19　髙間恒雄

1756。昭和54/1979-8-19　髙間恒雄

1700型車両形式図

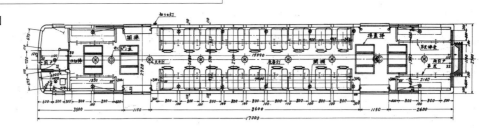

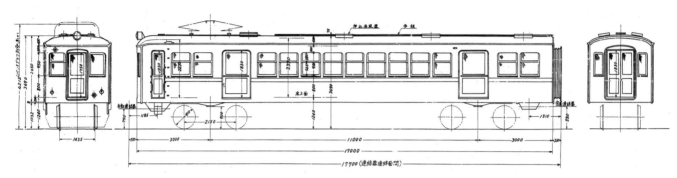

KS-3(1752)。守口車庫　昭和26/1951-3　髙田隆雄

1704・1755。昭和58/1983-3-22　高間恒雄

1750型車両形式図

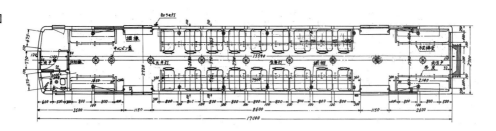

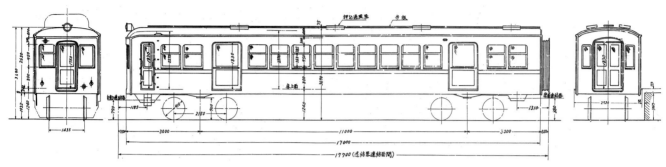

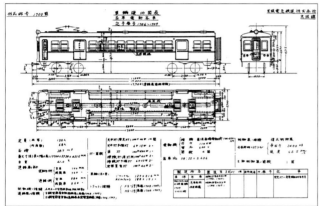

1700型(1706〜1709ロングシート化)車両竣功図

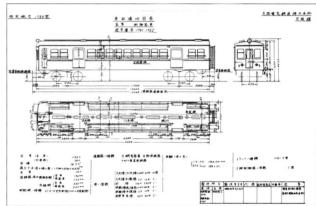

1750型(1751・1752ロングシート化)車両竣功図

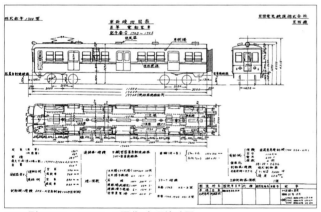

1700型(1703〜1705　3扉化)車両竣功図

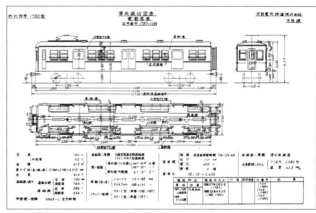

1700型(1787〜1789　3扉中間車化)車両竣功図

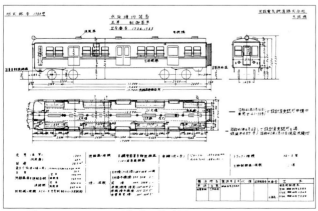

1700型(1754・1755　3扉化)車両竣功図

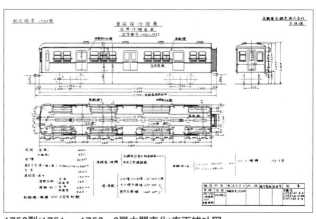

1750型(1751〜1753　3扉中間車化)車両竣功図

車歴表　作成：西野信一

車番	車種	製造所	連結面間(mm)	幅(mm)	高さ(mm)	定員	座席定員	自重(ton)	パンタグラフ	制御方式	電動発電機	主電動機(kW×個数)	ギヤ比	制動装置	空気圧縮機	台車	設計認可	竣工日	使用開始	台車改造
1701	Mc	川崎車輛	17,700	2,720	4,215	130	54	41.0		C4-31	電動カム軸式 TDK ES554-A		110kW×4 TDK554-AM	58:22 2.636	AMA-R	D-3-FR 990㍑	MD7	S26.3.17 鉄整311	S26.3.31	S26.4.1	S26.7.31 MD7台車改造
1702	Mc	川崎車輛	17,700	2,720	4,215	130	54	41.0		C4-31	電動カム軸式 TDK ES554-A		110kW×4 TDK554-AM	58:22 2.636	AMA-R	D-3-FR 990㍑	MD7	S26.3.17 鉄整311	S26.3.29	S26.3.30	
1703	Mc	川崎車輛	17,700	2,720	4,215	130	54	41.0		C4-31	電動カム軸式 TDK ES554-A		110kW×4 TDK554-AM	58:22 2.636	AMA-R	D-3-FR 990㍑	MD7	S26.3.17 鉄整311	S26.4.1	S26.4.2	
1704	Mc	川崎車輛	17,700	2,720	4,215	130	54	41.0		C4-31	電動カム軸式 TDK ES554-A		110kW×4 TDK554-AM	58:22 2.636	AMA-R	D-3-FR 990㍑	KS3	S26.3.17 鉄整311	S26.4.6	S26.4.7	
1705	Mc	川崎車輛	17,700	2,720	4,215	130	54	41.0		C4-31	電動カム軸式 TDK ES554-A		110kW×4 TDK554-AM	58:22 2.636	AMA-R	D-3-FR 990㍑	KS3	S26.3.17 鉄整311	S26.4.14	S26.4.15	
1706	Mc	川崎車輛	17,700	2,720	4,215	130	54	41.0		C4-31	電動カム軸式 TDK ES554-A		110kW×4 TDK554-AM	58:22 2.636	AMA-R	D-3-FR 990㍑	KS3	S27.3.22 鉄整399	S27.3.30	S27.3.31	
1707	Mc	川崎車輛	17,700	2,720	4,215	130	54	41.0		C4-31	電動カム軸式 TDK ES554-A		110kW×4 TDK554-AM	58:22 2.636	AMA-R	D-3-FR 990㍑	MD7	S27.3.22 鉄整399	S27.4.3	S27.4.4	S27.12.9 MD7台車改造
1708	Mc	川崎車輛	17,700	2,720	4,215	130	54	41.0		C4-31	電動カム軸式 TDK ES554-A		110kW×4 TDK554-AM	58:22 2.636	AMA-R	D-3-FR 990㍑	KS5	S28.3.13 鉄整326	S28.4.3	S28.4.4	
1709	Mc	ナニワ工機	17,700	2,720	4,215	130	54	41.0		C4-31	電動カム軸式 TDK ES554-A		110kW×4 TDK554-AM	58:22 2.636	AMA-R	D-3-FR 990㍑	KS5	S28.3.13 鉄整326	S28.4.4	S28.4.5	
1751	Tc	川崎車輛	17,700	2,720	3,765	130	54	30.0			TDK356-A DC600V3.8KW AC100 15A			ACA-R		MD7	S26.3.17 鉄整311	S26.3.31	S26.4.1	S26.7.28 1703のMD7台車改造取付 S30.7.23 MD7台車軸箱支え装置改造、棒バネ→コイルバネに変更 S33.1.28 MD7台車軸箱支持装置改造 S50.1.18 MD7台車改造
1752	Tc	帝國車輛	17,700	2,720	3,765	130	54	30.0			TDK356-A DC600V3.8KW AC100 15A			ACA-R		KS3	S26.3.17 鉄整311	S26.4.1	S26.4.2	S33.4.3 MD7台車軸箱支え装置改造 S50.2.4 MD7台車改造
1753	Tc	川崎車輛	17,700	2,720	3,765	130	54	30.0			TDK356-A DC600V3.8KW AC100 15A			ACA-R		MD7	S26.3.17 鉄整311	S26.3.30	S26.3.30	S31.3.28 MD7台車横衝装置改造、トーションバー取外し S33.4.5 MD7台車軸箱支持装置改造
1754	Tc	帝國車輛	17,700	2,720	3,765	130	54	30.0			TDK356-A DC600V3.8KW AC100 15A			ACA-R		KS3	S26.3.17 鉄整311	S26.4.6	S26.4.7	
1755	Tc	帝國車輛	17,700	2,720	3,765	130	54	30.0			TDK356-A DC600V3.8KW AC100 15A			ACA-R		KS3	S26.3.17 鉄整311	S26.4.14	S26.4.15	S26.12.26 MD7→MD7 内容不明
1756	Tc	川崎車輛	17,700	2,720	3,765	130	54	30.0			TDK356-A DC600V3.8KW AC100 15A			ACA-R		KS3	S27.3.22 鉄整399	S27.3.24	S27.3.31	S31.9.11 MD7台車横衝装置改造 S33.2.1 MD7台車軸箱支持装置改造 S50.1.28 MD7台車軸箱支持装置改造
1757	Tc	川崎車輛	17,700	2,720	3,765	130	54	30.0			TDK356-A DC600V3.8KW AC100 15A			ACA-R		MD7	S27.3.22 鉄整399	S27.3.29	S27.4.4	S27.12.9 MD7台車改造 S31.9.11 MD7台車横衝装置改造 S33.2.28 MD7台車軸箱支持装置改造
1758	Tc	川崎車輛	17,700	2,720	3,765	130	54	30.0			TDK356-A DC600V3.8KW AC100 15A			ACA-R		KS5	S28.3.13 鉄整326	S28.3.30	S28.4.4	
1759	Tc	ナニワ工機	17,700	2,720	3,765	130	54	30.0			TDK356-A DC600V3.8KW AC100 15A			ACA-R		KS5	S28.3.13 鉄整326	S28.4.2	S28.4.5	KS50型 空気バネ台車試験 S31.6.18～23

車番	塗色変更(グリーンツートン)	車番文字板取付	地下線乗入れ対策 窓保護棒取付 蛍光灯灯具 12→7灯化	7連対策工事	3扉化工事	ガラス強化(前面窓枠アルミ化)	3扉化工事 座席定員変更	運転室撤去 車種変更	車番変更	ATS設置	連結面間(mm)	幅(mm)	高さ(mm)	定員	座席定員	自重(ton)	制動装置	MG振替 TTDK356A → TDK3561B/1
1701	S42.2.8		S36.3.24	S38.10.3	S42.2.8	1966/5/6?	42			S42.2.8	17,700	2,720	4,215	130	42	41.0	AMA-R	
1702	S41.12.24	S37.8.9	S36.11.14	S38.10.15	S41.12.24	S40.9.4	42			S41.12.24	17,700	2,720	4,215	130	42	41.0	AMA-R	
1703	S41.12.2		S36.11.16	S38.11.22	S41.6.16	S41.6.16	46			S42.1.28	17,700	2,720	4,215	130	42	41.0	AMA-R	
1704	S41.12.15		S36.11.18	S38.11.7	S41.7.12	S42.6.30	46			S42.12.29	17,700	2,720	4,215	130	42	41.0	AMA-R	
1705	S41.12.12		S36.11.22	S38.12.12	S40.11.4	S42.5.4	46			S41.12.7	17,700	2,720	4,215	130	42	41.0	AMA-R	
1706	S41.12.19	S35.12.16	S36.9.19	S39.1.18	S41.12.19	S41.12.19	42			S42.11.22	17,700	2,720	4,215	130	42	41.0	AMA-R	
1707	S41.11.28	S35.11.1	S36.12.4	S38.12.6	S41.10.20	S41.6.16	42	S42.1.17 Mc→M	S42.1.17 1707→1787	S42.1.17	17,700	2,720	4,215	140	42	41.0	AMA-L	
1708	S41.12.5	S37.7.19	S36.11.25	S39.4.17	S41.8.15	S40.7.31	42	S42.2.22 Mc→M	S42.2.22 1708→1788	S42.2.22	17,700	2,720	4,215	140	42	41.0	AMA-L	
1709	S41.11.24		S37.1.9	S39.5.8	S41.9.7	S40.7.1	42	S42.2.11 Mc→M	S42.5.10 1709→1789	S42.2.11	17,700	2,720	4,215	140	42	41.0	AMA-L	
1751	S42.2.8		S36.3.24	S38.10.3	S42.2.8	1966/5/6?	42	S42.2.8 Tc→T		S42.2.8	17,700	2,720	3,800	140	42	30.0	ATA-R	S43.10.26
1752	S41.12.24		S36.11.14	S38.10.15	S41.12.24	S40.9.4	42	S41.12.24 Tc→T		S41.12.24	17,700	2,720	3,800	140	42	30.0	ATA-R	S43.10.15
1753	S41.12.2		S36.11.16	S38.11.22	S41.6.16	S41.6.16	42	S41.11.2 Tc→T			17,700	2,720	3,800	140	42	30.0	ATA-R	
1754	S41.12.15		S36.11.18	S38.11.7	S41.7.12	S42.6.30	42			S41.12.29	17,700	2,720	3,800	130	42	30.0	ACA-R	
1755	S41.12.12		S36.11.22	S38.12.12	S40.11.4	S42.5.4	42			S41.12.7	17,700	2,720	3,800	130	42	30.0	ACA-R	
1756	S41.12.19	S35.12.16	S36.9.19	S39.1.18	S41.12.19	S41.12.19	46			S41.11.29	17,700	2,720	3,800	130	46	30.0	ACA-R	
1757	S41.11.28	S35.11.1	S36.12.4	S38.12.6	S41.10.20	S41.6.16	46			S42.1.17	17,700	2,720	3,800	130	46	30.0	ACA-R	
1758	S41.12.5		S36.11.25	S39.4.17	S41.8.13	S40.7.31	46			S42.2.22	17,700	2,720	3,800	130	46	30.0	ACA-R	
1759	S41.11.24		S37.1.9	S39.5.8	S41.9.7	S40.7.1	46			S42.2.11	17,700	2,720	3,800	130	46	30.0	ACA-R	

台車振替	特別許可並びに設計一部変更認可	窓保護棒撤去	尾灯位置変更	拡声器増設 2→4個	固定クロスシート背面保護帯取付	和口取付運転台部	特急用5連改造蛍光灯化	車内灯蛍光灯化	連結器取替柴田式→NBⅡ	設計変更認可 S34.2.13 電気制動改造工事	扇風機取付	事故復旧	急行格下げ	設計変更認可 S32.12.6 鉄監1321 クロスシート→ロングシート改造	塗色変更(グリーンツートン)	塗色変更(特急色)
MD7→KS3	S27.9.26 鉄監1071	S28.5	S28.6.19	S29.3.6	S30.7.23		S31.4.14	S31.4.14	S32.6.8	S36.3.24 準備工事			S38.4.1	S38.4.1		
MD7→FS6	S27.8.26 鉄監1071	S27.8.26	S28.8.16	S29.5.26			S31.6.16	S31.6.16	S32.6.13	S36.3.15 準備工事		接触事故復旧 S33.4.3	S38.2.16	S38.2.16	S38.2.16	S38.6.19
MD7→FS6 FS6→KS3	S27.9.26 鉄監1071	S27.8.15	S28.7.3	S29.3.9	S30.8.8		S31.5.4	S31.5.4	S32.6.10	S36.5.9 準備工事		S41.8.3 蒲生信号所にて接触事故 S41.11.2	S38.4.17	S34.3.14		
記載無し 記載無し FS6→KS5(1708)	S27.9.26 鉄監1071	S27.6.4	S28.7.17	S29.4.24	S30.9.19		S31.5.4	S31.5.4	S32.6.14		S36.6.20		S38.3.30	S34.4.27		
KS3→MD7 MD7→FS6 FS6→KS5(1709)	S27.9.26 鉄監1071	S27.5.22	S28.8.18	S28.12.4	S30.8.22	S29.8.30	S31.5.26	S31.5.26	S32.6.11	S36.4.22 準備工事			S34.4.4	S34.4.4		
	S27.9.26 鉄監1071		S29.3.25		S30.10.1		S34.8.3	S34.10.24	S32.6.15	S34.10.24 準備工事			S34.3.27	S33.2.1	S34.3.27	S38.6.17
	S27.9.26 鉄監1071		S29.8.2		S30.9.5		S34.8.3	S35.2.5	S32.6.20				S38.6.28	S32.10.5	S32.10.5	S38.6.28
KS5→FS6(1704) FS6→KS5(1754)	S28.5.6 鉄監1071		S29.5.24					S34.7.30					S37.7.19	S32.11.22	S32.11.22	S38.7.8
KS5→FS6(1705) FS6→KS5	S28.5.6 鉄監411		S29.5.30					S34.5.23					S38.6.10	S32.10.26	S32.10.26	S38.6.10
MD7→KS15(652)	S27.9.26 鉄監1071	S27.8.30	S28.6.19	S29.3.6	S30.7.23		S31.4.14	S31.4.14	S31.4.14	S33.12.12	S36.3.24		S38.4.1	S38.4.1		
MD7→KS15(651)	S27.9.26 鉄監1071	S27.8.25	S28.8.10	S29.5.26		S31.3.16	S31.6.16	S31.6.16	S31.6.16	S33.11.20	S36.3.15 準備工事		S38.2.16	S38.2.16	S38.2.16	S38.6.19
MD7→KS15(653)	S27.9.26 鉄監1071	S27.8.14	S28.7.3				S31.5.4	S31.5.4	S31.5.4	S34.3.14	S36.5.9 準備工事	S41.8.3 蒲生信号所にて接触事故 S41.11.2 川崎車両にて復旧工事 付随車化	S38.4.17	S34.3.14		
MD7→KS5→FS6	S27.9.26 鉄監1071	S27.6	S28.7.17			S31.3.25	S31.5.4	S31.5.4	S31.5.4	S34.4.27	S36.6.20		S38.5.14	S34.4.27		
KS3→MD7 MD7→MD7 MD7→FS6? FS6→KS5(1759) FS6→FS6(1789T化)	S27.9.26 鉄監1071	S27.6	S28.8.18			S29.8.28	S31.5.26	S31.5.26	S31.5.4	S33.4.4	S36.4.22 準備工事		S38.4.22	S34.4.4		
KS3→MD7 MD7→KS15(654)	S27.9.26 鉄監1071		S29.3.24			S31.3.10	S34.8.3	S34.10.24	S32.6.24				S38.6.17	S33.2.1	S34.3.27	S38.6.17
MD7→KS15(655)	S27.9.26 鉄監1071		S29.8.2				S34.8.3	S35.2.5	S32.6.25				S38.6.28	S32.10.5	S32.10.5	S38.6.28
KS5→FS6(1754)	S28.5.6 鉄監411		S29.5.24				S34.8.3	S34.7.30					S38.7.8	S32.11.22	S32.11.22	S38.7.8
KS5→FS6(1755)	S28.5.6 鉄監411		S29.5.30				S34.8.3	S34.5.23						S32.10.26	S32.10.26	S38.6.10

窓枠アルミ化	列車選別装置 戸閉保安装置 設置	応荷重新設	火災防護床金属化	横仕切引戸新設	予備ブレーキ新設	列車無線新設	貫通扉 開戸→引戸化	写真枠アルミ製化	パンタ振替	600型、1700型併結工事	台車振替	廃車	備考
S44.5.20	S45.7.24	S45.7.24	S45.7.24	S46.9.4	S47.6.23	S48.10.18		S47.10.30	日時不明			S58.3.30	
S40.9.4	S45.8.11	S46.6.21	S46.6.21	S46.6.21	S47.6.16	S48.9.29		S49.12.28	日時不明			S58.12.4	
S44.11.22	S45.8.28	S46.7.28	S46.7.28	S46.7.28	S47.6.8	S48.9.29		S50.4.23	日時不明			S58.3.2	S58.8.31貨車101新造に台車を流用
S42.6.30	S45.8.5	S46.5.12	S46.5.12	S46.5.12	S47.6.30	S48.10.16		S48.3.8	S51.1.30 C4-31 → PT424202A改			S58.12.4	
S42.5.4	S45.7.20	S45.7.20	S45.7.20	S45.7.20	S47.7.7	S48.11.2		S48.8.28	S50.12.26 C4-31 → PT424202A改			S58.12.4	
S45.1.16	S45.8.22	S46.3.22	S46.3.22	S46.3.22	S47.7.7	S48.10.30		S48.4.13	日時不明			S58.12.4	
S44.9.17	戸閉保安 S45.7.24	S45.7.24	S46.2.5	S46.2.5	S47.6.23		S46.2.5	S47.12.6	S50.9.25 C4-31 → PT424202A改	S57.2.23		S58.12.4	
S40.7.31	戸閉保安 S45.9.26	S45.9.26	S45.9.26	S45.9.26	S47.6.16		S45.9.26	S50.6.14	S50.6.14 C4-31 → PT424202A改	S57.2.4		S58.12.4	
S40.7.1	戸閉保安 S45.8.11	S45.8.11	S45.8.11	S45.10.29	S47.6.8		S45.10.29	S50.4.23	S51.2.7 C4-31 → PT424202A改	S57.2.12	S58.1.18 KS5→KS3(1755)	S58.12.4	
S44.5.20	S45.7.24	S45.7.24	S46.9.4	S46.9.4	S47.6.23		S46.9.4	S47.10.30		S57.2.23	S52.5.2 MD7→KS15(652)	S58.3.30	
S40.9.4	S45.8.11	S45.8.11	S46.6.21		S47.6.16		S46.6.21	S49.12.29		S57.2.4	S52.5.16 MD7→KS15(651)	S58.12.4	
S44.11.22	S45.8.28	S45.8.28	S46.7.28		S47.6.8		S46.7.28				S52.9.9 MD7→KS15(653)	S58.3.2	
S42.6.30	S45.8.5	S46.5.12	S46.5.12	S46.5.12	S47.6.30	S48.10.16						S58.12.4	
S42.5.4	S45.7.20	S45.7.20	S45.12.18	S45.12.18	S47.7.7	S48.11.2						S58.12.4	S26.4.6 車両メーカーからの搬入中の事故 20時30分頃大阪市内平野町松屋町筋の角を運搬中、運搬車の後部車輪が外れ電車は横転した (帝國車両に持ち帰り修理)
S45.1.16	S45.8.22	S45.8.22	S46.3.22	S46.3.22	S47.7.7	S48.10.30					S52.7.29 MD7→KS15(654)	S58.12.4	
S44.9.17	S45.7.24	S45.7.24	S46.2.5	S46.2.5	S47.6.23	S48.10.18					S52.6.17 MD7→KS15(655)	S58.12.4	
S40.7.31	S45.9.26	S45.9.26	S45.9.26	S45.9.26	S47.6.16	S48.9.29						S58.12.4	
S40.7.1	S45.8.11	S45.8.11	S45.10.29	S45.10.29	S47.6.8	S48.9.28						S58.12.4	

写真提供ならびに編集協力(五十音順)
朝倉園臣・阿部一紀・生地健三・井上文雄・今井啓輔・内田利次・
大須賀一之助・大橋一央・沖中忠順・奥野利夫・鹿島雅美・北田正昭・
栗生弘太郎・澤田節夫・篠原　丞・髙田隆雄・髙田　寛・高橋　修・
高橋　弘・直山明徳・中井良彦・中谷一志・中村卓之・西野信一・
羽村　宏・藤本哲男・藤原　進・星　晃・宮武浩二・森井清利・
山口益生・山本定佑・湯口　徹・吉岡照雄・髙間恒雄(レイルロード)

車歴表
西野信一

資料提供
国立公文書館

主要参考文献
KS-1およびKS-3台車の紹介　岡田幸雄(電気車の科学1951年8・10月号)
現場訪問　京阪電鉄守口工場(電気車の科学1951年11月号)
台車とわたし③　髙田隆雄(鉄道ジャーナル　1975年7月号)
京阪電鉄における新型台車の発達過程　真鍋裕司(鉄道ピクトリアル
695号)
京阪百年のあゆみ(京阪電気鉄道)
細密イラストで見る　京阪電車 車両の100年(京阪電気鉄道)
ミニヒストリー　京阪電車・車両70年(京阪電気鉄道)
車両発達史シリーズ1　京阪電気鉄道　藤井信夫 編(関西鉄道研究会)
私鉄電車ガイドブック5.　阪急・京阪・阪神(誠文堂新光社)
私鉄電車のアルバム　各号(交友社)
アーカイブスセレクション25　京阪電気鉄道1960〜70
　　　　　　　　　　　　　　　　　(鉄道図書刊行会)
京阪特急　沖中忠順(JTBパブリッシング)
京阪電車　清水祥史(JTBパブリッシング)
京阪ロマンスカー史　上・下(プレス・アイゼンバーン)
京阪特急カラーの遥かな記憶　栗生弘太郎(レイルNo.85)
カラーブックス　京阪　各号(保育社)
フイルムの中の京阪電車(卵型研究会)
モノクロームの京阪電車(卵型研究会)
鉄道雑誌各誌(京阪電気鉄道紹介号)
サイドビュー京阪1・2(レイルロード)
京阪車輛形式図集　戦後編〜S40(レイルロード)

ご協力いただきました関係各位に厚く御礼申し上げます。

京阪1700　−車両アルバム.41−

レイルロード　編

2023/令和5年11月30日　発行
発行ーレイルロード
　　　　〒560-0052　大阪府豊中市春日町4-7-16
　　　　・http：//www.railroad-books.net/

発売ー株式会社　文苑堂
　　　　〒101-0051　東京都千代田区神田神保町1-35
　　　　TEL(03)3291-2143　FAX(03)3291-4114